当代科学技术基础理论与前沿问题研究丛书

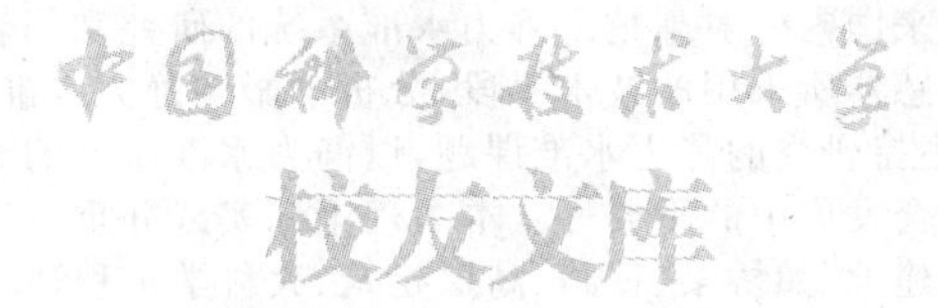

静力水准系统的最新发展及应用

Latest Developments and Applications of Hydrostatic Levelling System

何晓业 著

中国科学技术大学出版社

内 容 简 介

本书综合了近几年来国内外对高精度静力水准系统的研究和作者本人的研究成果，综述了最新的静力水准传感器所采用的技术手段，分析了影响静力水准系统测量精度的各种因素，并结合作者本人主持研究的静力水准课题，以静力水准系统的实际应用例子，展现静力水准系统在科学和社会发展中的重要性。本书理论和实践并重，可作为从事精密工程测量、位移仪器制造、工程建设（如桥梁、铁路、高层建筑、大科学工程建设等行业）等有关工程技术人员的参考书，也可以作为高等院校与精密工程测量有关的专业教材或选修教材。

图书在版编目(CIP)数据

静力水准系统的最新发展及应用 /何晓业著. —合肥：中国科学技术大学出版社，2010.1

（当代科学技术基础理论与前沿问题研究丛书：中国科学技术大学校友文库）

"十一五"国家重点图书

ISBN 978-7-312-02631-7

Ⅰ. 静… Ⅱ. 何… Ⅲ. 流体静力水准仪—研究 Ⅳ. TH761

中国版本图书馆 CIP 数据核字(2009)第 213186 号

出版发行 中国科学技术大学出版社

地址 安徽省合肥市金寨路 96 号，邮编 230026

网址 http://press.ustc.edu.cn

电话 编辑部 0551－3606196 发行部 0551－3602909

印　　刷 合肥晓星印刷有限责任公司

经　　销 全国新华书店

开　　本 710mm×1000mm 1/16

印　　张 9.5

插　　页 2

字　　数 148 千

版　　次 2010 年 1 月第 1 版

印　　次 2010 年 1 月第 1 次印刷

印　　数 1—2000 册

定　　价 29.00 元

总　　序

侯建国

（中国科学技术大学校长、中国科学院院士、第三世界科学院院士）

大学最重要的功能是向社会输送人才。大学对于一个国家、民族乃至世界的重要性和贡献度，很大程度上是通过毕业生在社会各领域所取得的成就来体现的。

中国科学技术大学建校只有短短的五十年，之所以迅速成为享有较高国际声誉的著名大学之一，主要就是因为她培养出了一大批德才兼备的优秀毕业生。他们志向高远、基础扎实、综合素质高、创新能力强，在国内外科技、经济、教育等领域做出了杰出的贡献，为中国科大赢得了“科技英才的摇篮”的美誉。

2008 年 9 月，胡锦涛总书记为中国科大建校五十周年发来贺信，信中称赞说：半个世纪以来，中国科学技术大学依托中国科学院，按照全院办校、所系结合的方针，弘扬红专并进、理实交融的校风，努力推进教学和科研工作的改革创新，为党和国家培养了一大批科技人才，取得了一系列具有世界先进水平的原创性科技成果，为推动我国科教事业发展和社会主义现代化建设做出了重要贡献。

据统计，中国科大迄今已毕业的 5 万人中，已有 42 人当选中国科学院和中国工程院院士，是同期（自 1963 年以来）毕业生中当选院士数最多的高校之一。其中，本科毕业生中平均每 1000 人就产生 1 名院士和七百多名硕士、博士，比例位居全国高校之首。还有众多的中青年才俊成为我国科技、企业、教育等领域的领军人物和骨干。在历年评选的“中国青年五四奖章”获得者中，作为科技界、科技创新型企业界青年才俊代表，科大毕业生已连续多年榜上有名，获奖总人数位居全国高校前列。鲜为人知的是，有数千名优秀毕业生踏上国防战线，为科技强军做出了重要贡献，涌现出二十多名科技将军和一大批国防科技中坚。

为反映中国科大五十年来人才培养成果，展示毕业生在科学研究中的最新进展，学校决定在建校五十周年之际，编辑出版《中国科学技术大学校友文库》，于2008年9月起陆续出书，校庆年内集中出版50种。该《文库》选题经过多轮严格的评审和论证，入选书稿学术水平高，已列为“十一五”国家重点图书出版规划。

入选作者中，有北京初创时期的毕业生，也有意气风发的少年班毕业生；有“两院”院士，也有IEEE Fellow；有海内外科研院所、大专院校的教授，也有金融、IT行业的英才；有默默奉献、矢志报国的科技将军，也有在国际前沿奋力拼搏的科研将才；有“文革”后留美学者中第一位担任美国大学系主任的青年教授，也有首批获得新中国博士学位的中年学者……在母校五十周年华诞之际，他们通过著书立说的独特方式，向母校献礼，其深情厚意，令人感佩！

近年来，学校组织了一系列关于中国科大办学成就、经验、理念和优良传统的总结与讨论。通过总结与讨论，我们更清醒地认识到，中国科大这所新中国亲手创办的新型理工科大学所肩负的历史使命和责任。我想，中国科大的创办与发展，首要的目标就是围绕国家战略需求，培养造就世界一流科学家和科技领军人才。五十年来，我们一直遵循这一目标定位，有效地探索了科教紧密结合、培养创新人才的成功之路，取得了令人瞩目的成就，也受到社会各界的广泛赞誉。

成绩属于过去，辉煌须待开创。在未来的发展中，我们依然要牢牢把握“育人是大学第一要务”的宗旨，在坚守优良传统的基础上，不断改革创新，提高教育教学质量，早日实现胡锦涛总书记对中国科大的期待：瞄准世界科技前沿，服务国家发展战略，创造性地做好教学和科研工作，努力办成世界一流的研究型大学，培养造就更多更好的创新人才，为夺取全面建设小康社会新胜利、开创中国特色社会主义事业新局面贡献更大力量。

是为序。

2008年9月

前　　言

随着社会的发展，大型建筑，包括大型桥梁、高层建筑、高速铁路等建设得越来越多，也越来越快。人们对这些建筑安全性的要求也越来越高。为了提高建筑的安全性，在建设过程中和建设完成以后需要不断地对建筑的关键部位的位置变化进行高精度的观测，防患于未然。同时，在不断建设的大科学工程中，对许多关键建筑、部件和位置的位移变化要求相当苛刻，不仅仅需要知道某段时间内这些变化量的大小，往往还要实时监测这些变化，以便实时调整科学装置的工作状态。

在所有的变化中，尤以竖直方向的变化最为明显，因为一个建筑物或装置，在水平方向往往不受到自然力的影响，而重力是无处不在的。因此，静力水准系统在近年来得到了越来越广泛的应用，对静力水准系统的研究也越来越深入。

本书综合了近几年来国内外对高精度静力水准系统的研究和作者本人的研究成果，综述了最新的静力水准传感器所采用的技术手段，分析了影响静力水准系统测量精度的各种因素，并结合作者本人主持的静力水准研究课题，用静力水准系统的实际应用例子，来展现静力水准系统在科学和社会发展中的重要性。

本书理论与实践并重，可作为从事精密工程测量、位移仪器制造、工程建设（如桥梁、铁路、高层建筑等行业）等有关工程技术人员的参考书，也可以作为高等院校与精密工程测量有关的专业教材或选修教材。

由于该书涉及的专业领域知识比较广泛，加之作者的理论水平、实际经验和掌握的资料有限，书中难免有不妥之处甚至错误，恳请读者批评指正。

作　者

2009 年 6 月于合肥

目　　次

第2部分 设计和应用实例

第 1 部分　基础理论和技术

第1章　静力水准系统引论

静力水准系统是用来测量观测点高程位置变化的方法之一。目前，它在大型桥梁、高层建筑、高速铁路等的建设和运营过程中承担变形监测的任务。尤其在不断建设的大科学工程中，对许多关键建筑、部件和位置的位移变化要求相当苛刻，不仅仅需要知道某段时间内高程位移量的大小，往往还要实时监测这些变化，以便实时调整科学装置的工作状态，在这些领域，静力水准系统越来越成为不可替代的监测手段。

1.1　静力水准的概念

静力水准系统，英文叫做 Hydrostatic Levelling System，简称 HLS，是利用相连的容器中，液体总是寻求具有相同势能的水平原理，来测量和监测参考点彼此之间的垂直高度的差异和变化量。它具有很高的测量精度，在测量领域获得了广泛应用。尤其是在大型精密工程测量中，如对水电站、核电站、大型科学科研工程中的地基和关键部件垂直位置的变化监测等发挥着重要作用，HLS 具有精度高、自动化性能好，具有实时测量功能等特点。

HLS 系统传感器的基本原理并不复杂，用管道连接的容器中注入一定的液体，所有容器中的液体将在管道中自由流动，其结果是当平衡或者静止时各容器中的液体表面将保持相同的高度，但是各个容器中的液体深度可能并不相同，这也就反映了各个容器所在的各参考点的高度的不同（图 1.1 为其原理图）。

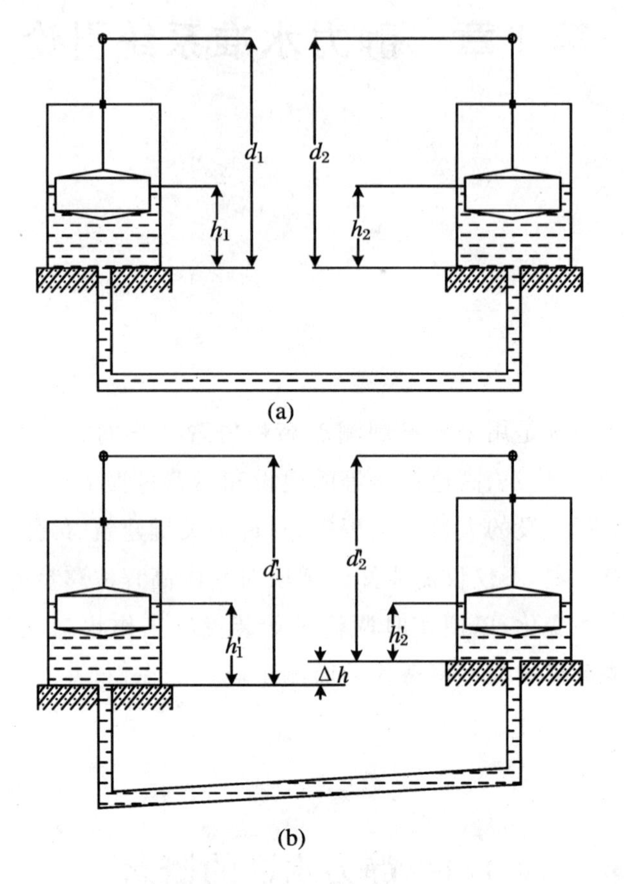

图 1.1　HLS 原理示意图

如果容器和连通管道中使用的液体密度均匀一致，环境压力等因素也相同，上图中的第一种情况显示的是两个容器对称分布，处于相同的高度，此时

$$d_1 = d_2, \quad h_1 = h_2$$

其中，d 表示标志物到容器底面的距离，h 为容器中液体的高度。所以两个容器所在位置之间的高度差为零，$\Delta H = 0$。

对于第二种情况，由于两个容器所处位置的高度发生了变化，有

$$h'_1 = h_1 + \frac{\Delta h}{2}, \quad h'_2 = h_2 - \frac{\Delta h}{2}$$

所以

$$d_1' = d_1 + \frac{\Delta h}{2}, \quad d_2' = d_2 - \frac{\Delta h}{2}$$

可以得到

$$\Delta h = d_1' - d_2' \tag{1.1}$$

如果两个容器的距离比较远,假如液体的密度也不同,则当处于平衡(静止)状态时,有下面的关系式

$$p_1 + \rho_1 g_1 H_1 = p_2 + \rho_2 g_2 H_2 = C \tag{1.2}$$

式中,p_1,p_2分别为两个容器中液面上方的大气压强;ρ_1,ρ_2分别为两个容器中液体的密度;g_1,g_2分别为两个容器所在位置的重力加速度;H_1,H_2分别是两个容器中从基准水平面起算的液面的高度,例如容器内液体液面到系统(包括连通管)中液体最低点的高度。在一个复杂的、测量范围比较大的静力水准系统中,温度、压力等因素必须要加以考虑,在以后的章节中将给予进一步讨论。

1.2 静力水准系统的历史

静力水准的基本原理在很早以前就被人们所熟悉。在中国,最早提出水平定义的是墨子。他说:"平,同高也。"言简意赅。至于在工程建设中取平,公元前的文献中有多处提及。庄子指出:"水静则明烛须眉。平中准,大匠取法焉。"王先谦(1842～1917)对"平中准"注解说:"其平与准相中,故匠人取法焉,谓之水平。"这是关于工匠利用水平原理进行水准测量的早期文献。所谓"大匠取法",显然指的是有经验的工程师以水准测量作为营造水平面的依据。可见最迟在公元前4世纪已在工程实践中应用水准测量技术。公元前3世纪,秦博士伏生更进一步说到水准测量的实际应用:"非水无以准万里之平。"其实水准定平技术的记载可能更早一些。墨子曰:"天下从事者,不可以无法仪。无法仪,其事能成者无有也。……百工为方以矩,为圆以规,直以绳,正以县(悬),无巧工不巧,工皆以此五者为法。"在文字

记载之前，水准测量早已在城市建筑中实际应用。考古发现商代城市建筑中已应用水准定平技术。在河北藁城西台的商代中期建筑遗址中，在基槽壁上有用云母粉画出的水平线，可能是用作基础整平的标志线。在河南安阳小屯村殷墟商代晚期的遗址中，不少基坑底部基本在同一水平面上。在发掘时还发现相交的两条水沟，其中填有结实的夯土。主持现场发掘的考古学家认为，这相交的水沟是在遗址修建时用作水准定平的，并举出“现在豫西乡间的泥水匠仍用着与此相仿的办法。在建筑房子的一块地上，先挖成一个X形的交叉水沟……”，以为佐证。这种十字水平北魏时曾应用于天文仪器的定平，办法是“圭上为沟，置水以取平正”。元代天文仪器的定平是在基座板四周“为水渠，……凡欲正四方，置案平地，注水于渠，眡平”，是同样的道理。

在国外，有科学家称古埃及在建造金字塔时，为了保证塔身不倾斜就用到了联通水管，这是静力水准系统的雏形。静力水准系统的测量方法在几百年前就被人们用在各种仪器中。比如，1629年罗马人布兰克研制了一种仪器，在两个玻璃管之间用铅或者皮革支撑的软管连接起来，里面充上液体，用来比较两点间的高度；1879年在法国就有人着手进行静力水准测量的试验，当时采用了2 m高的罐体，之间用长达300 m的软管连接，但是当时的水准测量精度很低；1890年，俄国也开始了类似的实验，其软管的长度达20 m，在测站上确定的高差的中误差达到3 mm。另外，1936年，有人还利用静力水准系统实现跨越“大别利特”海峡长距离——18 km的高程传递，当时传递高程的中误差是0.09 m。1938年，在德国完成了跨越2 km海峡的水准测量工作，误差是0.1 m。1952年，在比利时的“什力多河”跨越4 km的高程传递，中误差是0.14 m。

静力水准系统在今天，更是以惊人的速度得以发展和应用。对于静力水准系统而言，决定其测量精度和性能的因素主要来自两个方面：一方面是安装在测点上的传感器的性能和精度。它受到当时社会科学技术发展程度的影响。随着现代传感器技术的快速发展，出现了基于不同原理的传感器，其测量精度也在不断提高，目前国际上有的传感器产品标称精度达到0.01 μm。另一方面是系统中连通管的布设，以及受到外界影响程度的大小。随着研究的深入，尤其是对高精度静力水准测量的要求越来越高，对可能影响静力水准系统测量精度和性能的因素的研究越来越细致和透彻，以提高系统的测量精度和稳定性,满足工程对静力水准系统的更高要求。

进入20世纪,世界上陆续建设了以高能粒子加速器为代表的大科学工程。在粒子加速器中为了保证直径只有几微米到几十微米的粒子束团能在直径只有30 mm到100 mm、长度从几十米到几十公里的真空管道中以接近光速的速度运行,甚至要求两个相向运动的束团在某一点发生碰撞,对加速器的各种部件的安装精度要求非常高。所以从精密工程测量学角度来讲,高能粒子加速器建设中的测量工作无论是从精度方面还是测量内容的广泛程度方面都将是精密工程测量的前沿,它推动工程测量的进步和发展。高精度静力水准系统也正是为了满足粒子加速器的高精度位置监测的要求而得到一次快速发展。

位于法国南部城市格勒诺布尔(Grenoble)的欧洲同步辐射装置(ESFR)的工程测量人员是最早将高精度的静力水准系统用于粒子加速器的位置监测的。早在1990年就在其储存环上安装使用了HLS系统,它可以保证储存环中关键部件的垂直精度在±0.1 mm以内。该系统的传感器是他们自己开发研制的,并在后来成为他们成立的公司的正式产品。他们同时将HLS系统用于市政工程的测量。

此后世界各国的粒子加速器装置中的测量人员,自己开发研制适合各自加速器的静力水准系统似乎成为时尚。目前世界上几乎所有著名的大型加速器装置都已经运用或正在研究使用HLS系统。其传感器运用的原理也五花八门,有电容式传感器、光电式传感器、超声波传感器、光纤传感器等等。

美国阿贡(Argonne)实验室于1992年开始研究基于激光和光位置探测传感器的HLS传感器,于1993年成型并进行测试和标定。位于瑞士日内瓦的欧洲核研究中心(CERN)于1996年用更精确的HLS系统结合一套新开发的软件,测量储存环上磁铁的位置变化,并通过反馈系统校正大型储存环LEP的粒子运行闭合轨道。瑞士的SLS实验室(Swiss Light Source)在每个二极铁的支撑梁上安装四个HLS传感器,监测其垂直方向的位移。日本的SPring-8实验室准直测量组研制了便携式HLS,应用在其磁铁位置监测上。美国SLAC实验室的FFTB(Final Focus Test Beam)装置对其四极铁的垂直精度要求在±0.03 mm以内,为此,它的准直组与Pellissier公司合作开发了名为H5的便携式HLS系统,它的精度可达到±0.005 mm,

比光学测量精度高10倍以上(图1.2)。

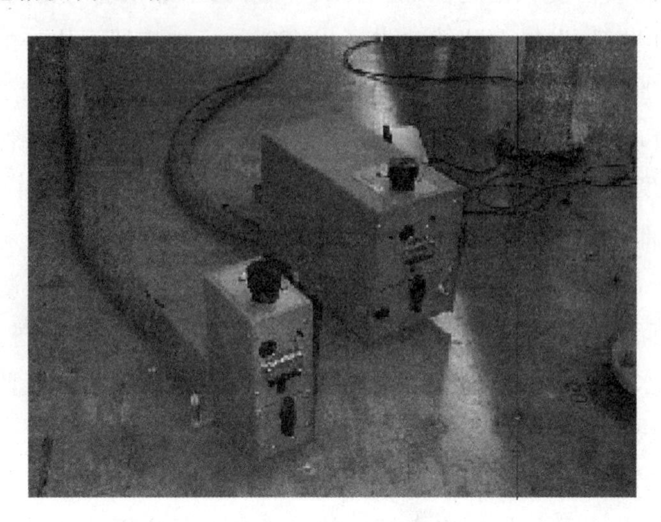

图1.2 SLAC实验室的便携式HLS

另外,在一些核电站,如法国FLAMAILLE核电站,应用HLS测量建筑物承重墙对设备高度的影响,等等。

不管采用的原理是什么,静力水准传感器的基本功能是测量传感器钵体中液面的高低,系统的基本原理是一致的。所以在选择不同公司的基于不同原理的传感器时,首先要考虑精度等技术指标,还要考虑使用环境对传感器类型的限制以及性价比是不是合理等因素。

1.3 静力水准系统的主要技术

根据测量各个容器中的液体表面高度的不同方法,形成了不同结构的水准仪。在上世纪70年代之前,大多采用目视的方法以及目视接触法。目视法实际上就是人员到传感器放置现场,观测带有刻度的玻璃管管中的液体液面的高度。这种方法进行水准测量的精度一般在1 mm左右,只能用在较低精度的测量。目视接触法是在目视法的基础上,通过一定的机械结构,加上显微镜,当在显微镜中观测到触针刚好接触液面时,读取相应数据。

这种方法比目视法精度要高，确定液面位置的最高精度可达±0.01 mm。但是这类仪器有个很大的缺点，就是不能遥测。安装静力水准系统的目的往往就是为了能够在建设物运转期间进行经常性的监测，尤其在高温、高压或有辐射的环境中，必须采用自动化的遥测仪器。

可以实现遥测的静力水准传感器有很多，按照是否采用浮子，可以分为接触式传感器和非接触式传感器。接触式传感器依靠浮子随液面高低的变化带动测头上下变化，测量液位的变化。而非接触式传感器没有浮子等物体直接接触液面，保持液面的自由状态，用电容或者超声波等原理直接测量液面位置。

1.3.1　接触式传感器

接触式传感器的主要特点是利用浮子带动测头上下变化而得到测量信号。典型的有电感式传感器、投影光电传感器等。

1.3.1.1　电感式传感器

这种传感器是利用线性差分变压器的原理把位移量变成电信号，图1.3为其原理图。

图1.3中，1为初级线圈，2为两个次级线圈，3为铁芯，4为浮子，5为容器里的液体。铁芯通过连接杆安装在浮子上，可以随着容器里液面的升降而升降。当铁芯在线圈内移动时，改变了磁通的空间分布，也就改变了初、次级线圈之间的互感量，特别是两个次级线圈的互感量之比发生了变化。供给初级线圈一定频率的交变电压，次级线圈产生感应电动势，互感量不同，次级线圈产生的感应电动势就发生变化，这样就把铁芯的位移变化转变为电压信号，经过处理后输入计算机，可以得到不同参考点的相对高度。

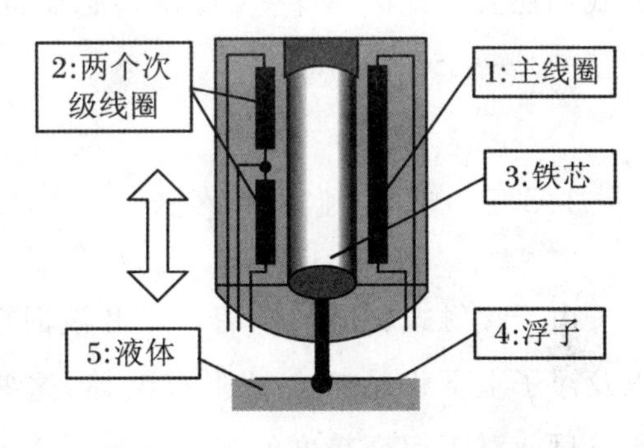

图1.3　电感式传感器原理图

目前，这类静力水准传感器的技术比较成熟，主要由与地震有关的研究所等开发生产，也有一些公司生产这类产品，其标称测量精度最高可达±0.01 mm。

1.3.1.2 接触式光电传感器

这类传感器和电感式传感器相比，是将连接在浮子上端的差动变压器铁芯换成了栅格分划板。如图1.4所示。

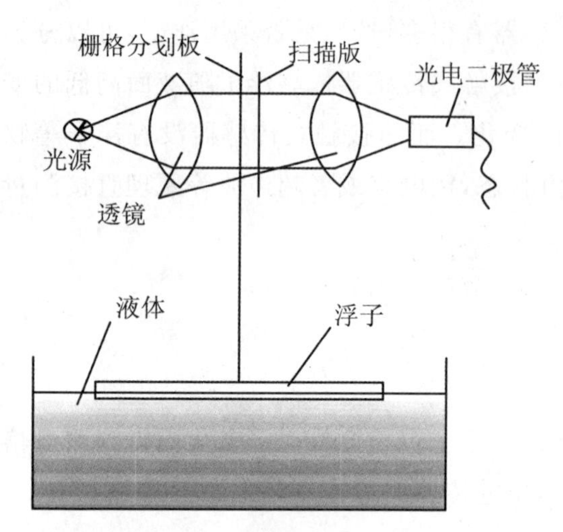

图1.4 接触式光电传感器

当液面高度发生变化时，浮子带动栅格分划板上下移动，移动的栅格交替地阻止或通过光线，作为接收器的光电二极管接收到这些变化的光信号产生光电脉冲信号。记录脉冲信号个数就可以知道栅格移动的个数，由此可以求出浮子上下移动量和液面变化的高度。

在有浮子的传感器中，浮子的上端连接的除了铁芯、栅格分划板外，还可以是其他东西，可以根据获得信号的原理不同而不同。后面我们还要讨论的基于CCD的传感器也是有浮子的传感器的一种，其上端连接的是一个标志杆。

1.3.2 非接触式传感器

由于接触式传感器中有浮子和液面接触，液体在浮子周围形成半月形，以及浮子上下移动都会粘附有液体，这些现象都会对测量精度产生影响。所以目前对于超高精度的静力水准系统大多采用非接触式的传感器。非接触式传感器除了能够克服浮子带来的对测量精度的影响，也更加方便了传感器的安装和维修。

1.3.2.1 电容式传感器

电容的计算公式是

$$C = \frac{\varepsilon A}{d} \tag{1.3}$$

公式中，C 为两个非接触面之间的电容量，ε 是电容系数，它和两个面之间的物质特性有关，A 是两个面之间的有效工作面，d 是两面之间的距离。

电容式静力水准传感器的原理是，确定了 ε 和 A，那么电容值 C 就决定于距离 d。利用液体表面作为电容器的一极，用某种材料做成电容器的另一极，当液面高度变化时，电容器的极距就发生变化，电容值也随之变化，通过导线和数据采集系统将传感器的电容值记录、放大、滤波和 A/D 转化，输入计算机进行处理，就能得到各个参考点的相对高度变化情况。如图 1.5 所示。

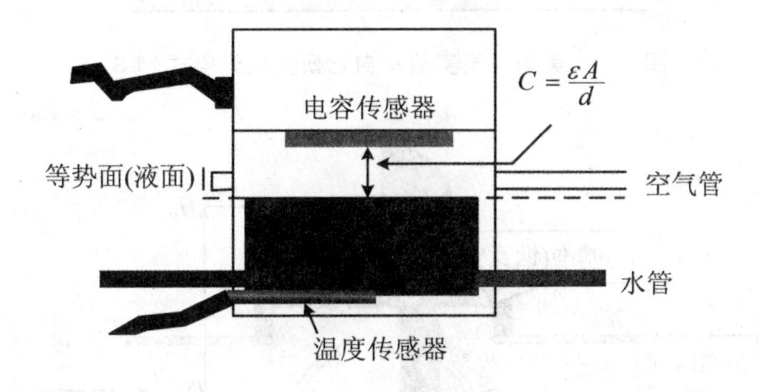

图 1.5　电容式传感器原理图

欧洲同步辐射装置(ESFR)最先开发了基于电容式的非接触静力水准传感器。由于欧洲的粒子加速器装置比较多且很集中，该产品在欧洲的影响较大，目前世界上许多粒子加速器实验室也采用了这种传感器。后来由法国的 FOGALE 公司生产了一系列产品。它的测量精度还取决于 A/D 卡的转化精度，标称的最好测量精度可达 ±0.15 μm。

1.3.2.2　光电式传感器

1992 年美国阿贡实验室开始研究这种传感器，1993 年通过测试。图 1.6 是这种传感器的原理图。

一束激光从传感器容器壁底部的窗口按一定的角度射向液体表面，经过液面的全反射，光束在安放于容器底面另一端的线性光电位置传感器(OPS)上形成光斑。当液面高度发生变化时，激光的反射光斑在 OPS 上的位置就发生变化，通过 OPS 输出的信号也就随之变化。同样，这个信号经过处理送入计算机，得到各个参考点的相对高度，这种方法的测量标称精度达到 ±1 μm。

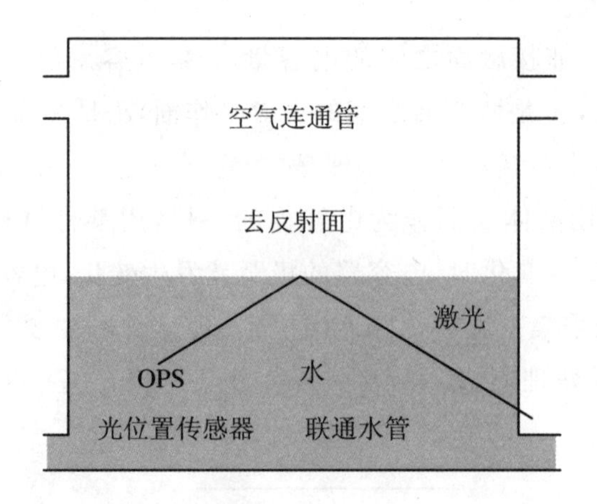

图 1.6 美国阿贡实验室自己研究的光电式 HLS

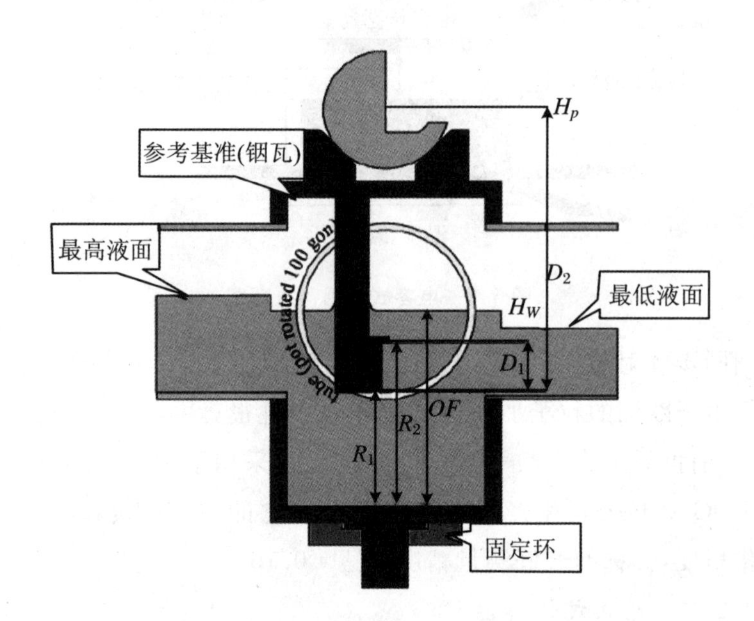

图 1.7 超声波传感器原理

1.3.2.3 超声波式传感器

超声波静力水准传感器能满足大量程的测量，且造价也比较合理。图 1.7 是一种超声波传感器的原理图。D_1和 D_2经过标定以后保持不变，参考基准用铟瓦钢制造，以最大可能减少温度变化对测量精度的影响。测量过程中，R_1，R_2 和 OF 的相对位置发生变化，由此可以得到稳定的测量结果——上端靶坐中心的参考面高度 H_P，这种传感器的测量精度可达到 ±10 μm。

计算公式为

$$H_p = H_W + D_2 - D_1 \frac{OF - R_1}{R_2 - R_1} \tag{1.4}$$

这里 H_W是系统内液面的高度。

需要说明的是，任何形式的传感器都需要后续的信号处理设备和软件的支持，有的还要提供特殊的电源支持。比如超声波传感器，需要配备超声波测量装置。

除了以上介绍的不同原理的传感器外，还有其他基于不同原理的传感器，随着技术的不断发展，必将还有不同类型的传感器被研制出来，但是其根本都是为了测量液面的高度，因此，各种传感器的测量精度不仅仅受到传感器不同原理的影响，还受到其他因素的影响。

第2章　静力水准系统的误差分析

前一章中介绍了各种形式的传感器，它们采用各种不同的观测技术和方法来确定液面的高度，但是无论采用哪种技术或者方法，液面高度的精度确定都会受到多种因素影响。对确定液面位置精度有影响的因素可以分为两组：传感器内部的误差和外界条件引起的误差。

2.1　传感器内部误差

在静力水准传感器的设计、制造和使用过程中，由于技术设计水平、制造工艺水平的限制和安装水平不高等因素造成的静力水准系统测量误差，称为内部误差。

2.1.1　安置误差

安置误差是指静力水准系统中传感器在被测点安置不当引起的误差。这个误差的大小取决于观测点表面、水准面表面的质量以及它们的清洁程度。

这个误差对绝对水准测量的影响较大，而对于相对水准测量则可以不予考虑。在做绝对测量时,这个误差将会直接带入到测量结果中;而对于相对测量,由于是各个传感器之间的高程比较,安置误差不影响相对位置的测量。

安置误差可以采取一定措施得到有效控制。采用在安装传感器之前清洁测量点的表面、清洁传感器钵体内部等措施,可以将此误差控制在微米量级甚至更高。

2.1.2　传感器倾斜引起的误差

静力水准传感器安装时如果有倾斜现象,对不同的传感器结构,影响也不同。对于不对称结构,例如上章讲到的光电式传感器和超声波传感器,影响比较大,因为当钵体倾斜时测量值受到倾斜角的影响不同。

对于对称结构,即测量杆放在钵体对称中心上,并且垂直于钵体底面的传感器的测量,受到仪器倾斜的影响很小,甚至可以忽略不计。

如图2.1所示,测量点上的传感器偏心安装时可能产生的误差可以用式(2.1)计算

$$AB = OA \cdot \sin\alpha \tag{2.1}$$

式中,OA 为偏心值,α 为倾斜角。

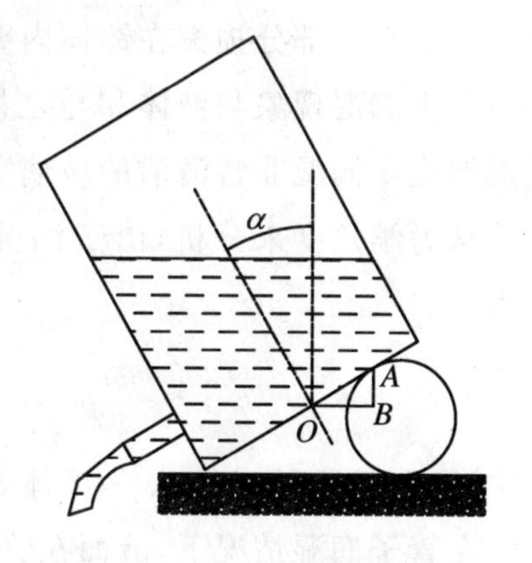

图2.1　传感器偏心安装时状态

为了减小这个误差,在安装传感器钵体时都用水平仪调整钵体状态,使 α 角很小,这样引起的误差也就很小,甚至忽略。比如,当偏心 $OA = 5$ mm,倾斜角 $\alpha = 4'$ 时,$AB = 0.005$ mm。

2.1.3　润湿现象引起的误差

当液体分子间的相互作用力小于液体和固体分子间的作用力时,会产生润湿现象。这时合力指向固体一侧,边界角 $\beta \leqslant \frac{\pi}{2}$。当 $\beta = 0$ 时,呈现完全润湿,见图2.2。

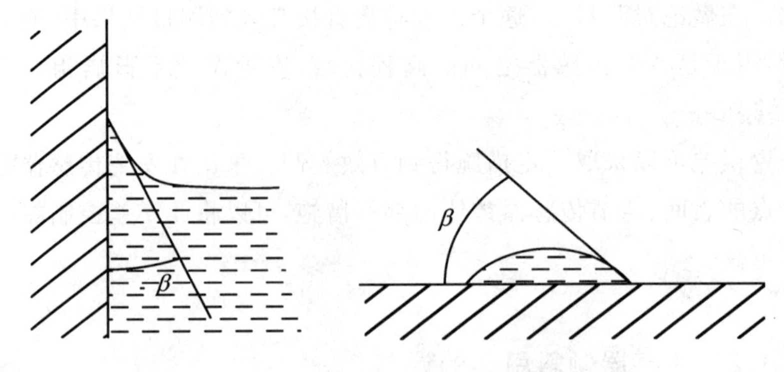

图 2.2 液体和固体接触的边界角

静力水准传感器的钵体中总是装有某种液体，当液体和钵体内壁接触时，正是由于润湿现象而产生半月形。当出现完全润湿时，钵体内壁上只要被液体浸湿过的地方就会有一层水膜，当测量点位置上下变化时，钵体中的液体就会有一部分损失在钵体内壁上，引起测量误差。

产生润湿现象与液体和与之接触的固体的物理性质有关。比如，水几乎能够完全润湿非常清洁的玻璃表面，而水银不能润湿玻璃，但能润湿铁。

从力学角度来分析，由于润湿现象的存在，在毛细管中产生很大的负压力

$$p = \frac{2\alpha}{R} \tag{2.2}$$

式中，R 为液面的半径；α 为液体表面张力系数。

在管子润湿情况下，液面在管子里升高一个值 h，且

$$h = \frac{2\cos\beta \cdot \alpha}{r \cdot \rho \cdot g} \tag{2.3}$$

式中，r 为管子的半径；ρ 为液体的密度；g 为引力常数；β 为边界角。

由上式可知，管子的半径 r、边界角 β、液体的密度 ρ 越大，且液体表面张力系数 α 越小时，则 h 越小。

当 $\beta=0$ 时。即当完全润湿发生时，例如水润湿玻璃时，$\beta=0$，此时

$$h = \frac{2\alpha}{r \cdot \rho \cdot g} \tag{2.4}$$

如果用平行板容器代替圆形管，则液面升高的数值将降低一半

$$h = \frac{\alpha}{r \cdot \rho \cdot g} \tag{2.5}$$

由式(2.4)和式(2.5)可知，毛细管的直径变化,液面升高量也随之变化。当水管大到一定尺寸,则润湿现象对测量精度的影响可以很小,甚至忽略。例如,对于以水作为工作液体的情况来说,当钵体的内径大于 30 mm 时,润湿现象的影响就很小。但是沿着钵体内壁四周的半月形还是存在的。

对于用水作为工作液体的静力水准系统,为了减轻润湿现象,可以在水中加入一定的扩散剂,以减小水分子和固体分子之间的作用力。

2.1.4　传感器组合部件温度变化引起的误差

静力水准传感器的钵体材料和内部的浮子、测量杆的材料往往不同,其他组合部件的材料也不尽一致,它们的膨胀系数往往不一样,当温度发生变化时,它们产生的变形各不相同,就影响了测量精度。

例如,对于一种测量杆安装在钵体上的传感器来说,如果钵体外壳是用硬铝制造的,而测量杆是用钢制造的,则当温度变化时两者变形的不同就会造成测量误差。

假如测量杆长 $l=0.1$ m,硬铝的线膨胀系数为 $\alpha_{硬铝}=2.2\times10^{-6}/℃$,钢的线膨胀系数 $\alpha_{钢}=11\times10^{-6}/℃$,当温度差为 $\Delta T=10$ ℃时,误差为

$$\Delta = l(\alpha_{硬铝} - \alpha_{钢})\cdot\Delta T = 8.8\,\mu\text{m} \tag{2.6}$$

所以,为了减少这方面的误差,在设计仪器时,尽量采用线性膨胀系数接近的材料来制造传感器的重要部件,同时缩小测量杆等敏感部件的几何尺寸。

2.1.5　液体漏损引起的误差

系统中由于连接点的阀门、软管接头的存在,其密封性可能由于操作不当,或者随着时间的推移而老化等情况,出现液体的漏损。对于进行短期测量的系统,某个测量点上的传感器钵体出现漏损,或者其附近发生漏损,会造成这个传感器附近的液面不均匀地变化,给测量带来误差。对于一个进行长期观测的系统来说,系统中某个短时间的漏损对系统测量影响不大,而且在随后的数据处理中可以发现这个情况,但是发生漏损期间的测量数据也不准确,需要删除或者进行修正。总之,在系统运行过程中应该经常检查系统是否有液体漏损情况,并及时采取措施加以解决。

2.2 外界条件引起的误差

静力水准系统的测量精度不仅仅受到仪器内部的各种因素的影响，还受到系统工作环境等外界因素的影响。工作环境的温度、压力，以及工作液体的蒸发和污染都会影响系统的测量精度。

2.2.1 温度因素干扰分析

液体的密度是随其温度的变化而变化的，液体密度的变化也改变了液体的体积，在静力水准测量系统中，如果整个系统的温度变化率和变化量是一致的，那么对测量的精度是没有影响的，因为各个部分的体积变化是一样的，每个钵体中的液面一起升高或者降低同样的高度，不会影响测量的结果。但是在系统中如果出现局部的或者不均匀的温度变化的时候，情况就不同了，由于温度的不均匀变化，产生液体的密度变化，那么在不同的钵体中液面的高度产生不同量的升高或者降低，将严重地影响测量的精度。以水为例，在 20 ℃时，水的线膨胀系数是 200 μm/(m・℃)，对于一个容器中 100 mm 深的液体，在 20 ℃附近有 1 ℃的温度变化，将会产生 ± 20 μm 的液面高度的变化，这个变化量对静力水准测量来说是非常大的，如果系统的允许误差小于这个量，则对由于温度变化产生的测量误差必须加以修正。

静力水准系统中的温度不均匀变化对系统测量精度的影响，主要从两个方面研究：一种是液体连通管中的温度梯度在管道不水平铺设的时候对测量精度的影响；另一种是钵体传感器所处位置的温度变化所产生的影响。

2.2.1.1 连通系统的温度梯度对测量的影响

以两钵体传感器组成的一个测量系统为例，见图 2.3，并设两个钵体的内径一样。由液体静力学方程可以得到

$$p_1 + \rho_1 g_1 H_1 = p_2 + \rho_2 g_2 H_2 = C \tag{2.7}$$

式中，p_1和 p_2为两个容器中液面上端的大气压强，这里认为它们是相等的，

g_1和 g_2是重力加速度，这里也认为它们也是相等的，系统中使用同一种液体，但是由于存在温度梯度，使两个容器中的液体的密度不同，$\rho_1 \neq \rho_2$，则有

$$\rho_1 H_1 = \rho_2 H_2 = C \tag{2.8}$$

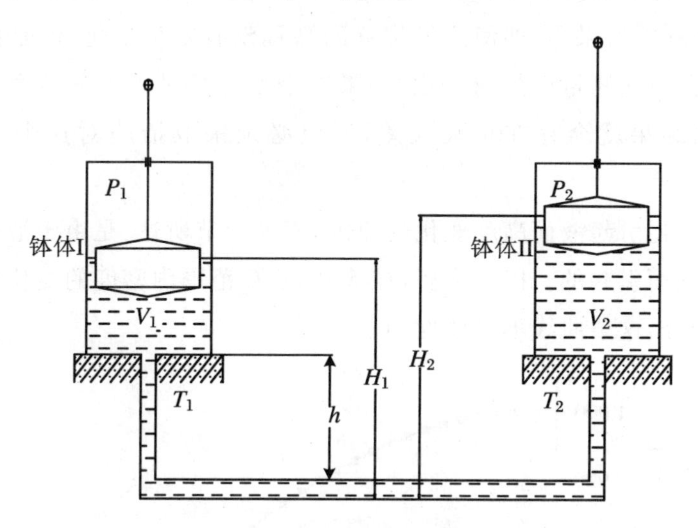

图 2.3　温度对液面高度的影响

由于温度梯度的存在而产生的液体表面高度的不同为

$$\Delta H = H_2 - H_1 \tag{2.9}$$

若

$$\Delta T = T_2 - T_1 \tag{2.10}$$

两个钵体放置在同一高度，水管有 h 米的高差，则当 T_1在 20℃时有关系式

$$\Delta H = 200\ \mu\text{m}/(\text{m} \cdot ℃) \times \Delta T\ (℃) \times h \tag{2.11}$$

可以得到，对于 $T_1(H_1)$和 $T_2(H_2)$分别有 1 ℃的温差，水管有 0.2 m 的高差时，温度对钵体中液体高差的影响约为 0.04 mm，这个误差对于水准的精密测量影响是很大的，必须排除。一种排除方法是用计算数据加以改正，即，先通过公式(2.11)计算得到 ΔH 值，则实际测量结果为

$$h_{真} = h + \Delta H \tag{2.12}$$

另一种方法是在铺设静力水准系统的时候，保证水管和容器尽量在同一个水平面上，减少高度差，避免温度梯度的影响，这种方法更容易实施而且更有效。

2.2.1.2　钵体温度差异对测量的影响

在许多使用静力水准系统的场合，保证水管铺设的水平并不困难，水管

上存在的温度梯度的影响可以消除而不加考虑。但是各个钵体所在的位置的温度是很难一致的,温度分布相对系统中的钵体传感器来说不均匀,这时钵体中的液体的温度就会有差异,即使是同一个钵体的温度也是随时间而变化的,这样的后果是,即使测量位置的高程没有发生变化,但是由于温度的变化也会引起测量读数的变化,如果这个变化超过了测量精度允许的范围,其测量结果就会存在很大误差,所以必须采取措施对这个误差加以改正。

温度变化引起液面高度变化的原因,正如上节所述,是由于液体的密度随温度变化而引起的。以水为例,在 5 到 30 ℃范围内密度的变化曲线见图 2.4,可以看出这条曲线不是线性的。

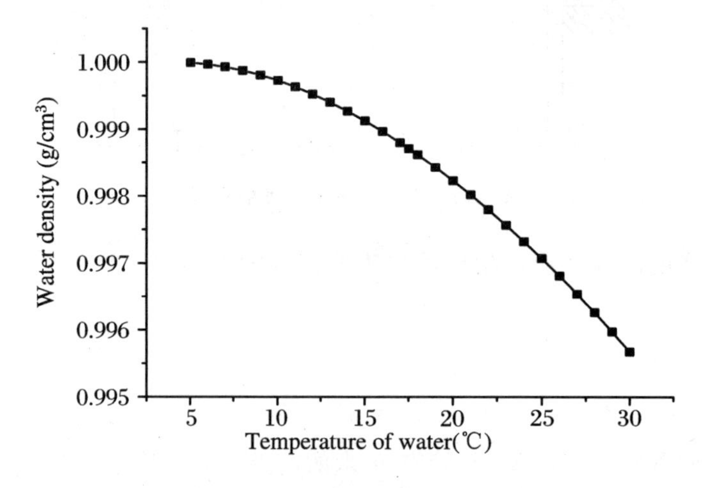

图 2.4 水的温度和密度的关系曲线

在 20 ℃左右,水的线膨胀系数为 200 μm/(m · ℃),所以如果钵体中水的深度为 50 mm,那么有 1 ℃温度的变化,就会产生 10 μm 的读数误差。为了消除这些误差,应该在每个钵体传感器中都安装温度传感器,通过以温度读数为自变量的补偿计算,改正每个钵体传感器的输出读数,从而得到准确的测点高程的变化量。系统每次采集数据都同时得到每个钵体的测量数据和温度读数。

图 2.5 所示的是作者用在自行设计的传感器中的温度传感器,其精度达到 ± 0.1 ℃。

液体的膨胀系数是和液体的温度—密度函数相对应的函数,所以严格的理论上的修正函数应该是高于二次曲线的函数,如果考虑到钵体本身的

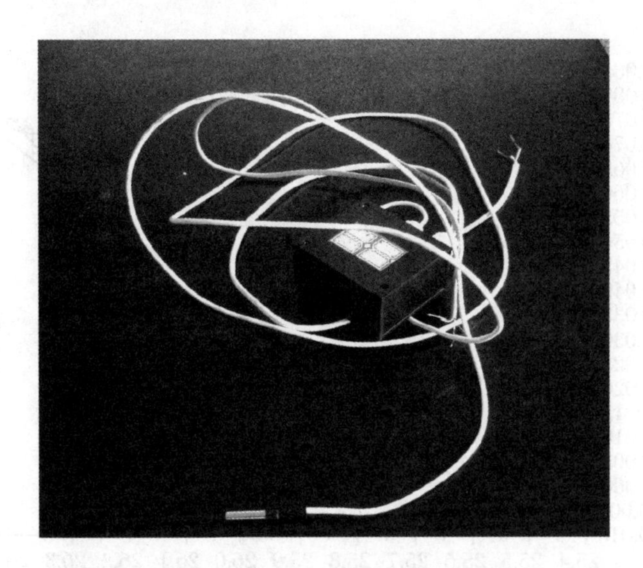

图 2.5 钵体中使用的温度传感器

热胀冷缩和其他零部件的温度因素，很难在理论上计算出整个钵体传感器精确的修正函数。最常使用的方法是对单个钵体做温度实验，取得实验曲线，进行多项式拟合而得到修正函数，然后代入数据采集软件中，通过计算对测量结果加以修正。但是在具体实验时也会遇到问题，因为做温度实验的条件要求非常苛刻：钵体必须放置在温度可控的、可以缓慢变化的实验环境下进行，为满足这些条件的各方面投入是可观的，一般都是利用实验室中温度的自然变化进行实验，只有在原始投入很大，或者原来就具有非常好的实验室条件下才能进行过程可控的温度实验测试。以作者本人研究过程为例，在做这个实验的时候，利用实验室夜晚的自然温度的变化得到在很窄的温度范围内的曲线，见图 2.6。

这个曲线的线性拟合公式为

$$y = -2.25505 + 0.08804x \tag{2.13}$$

拟合中误差为 $\sigma = \pm 0.0042$ mm。这个曲线的二次项拟合公式为

$$y = 42.49941 - 3.353x + 0.06614x^2 \tag{2.14}$$

拟合中误差为 $\sigma = \pm 0.00262$ mm。

原则上，为了消除钵体之间温度差异而产生的误差，应该对每个钵体都要做温度实验和标定，得到类似于上述的拟合公式。在实际应用中，根据现场测量得到的各个钵体的温度，计算所产生的误差，然后在测量读数中减去

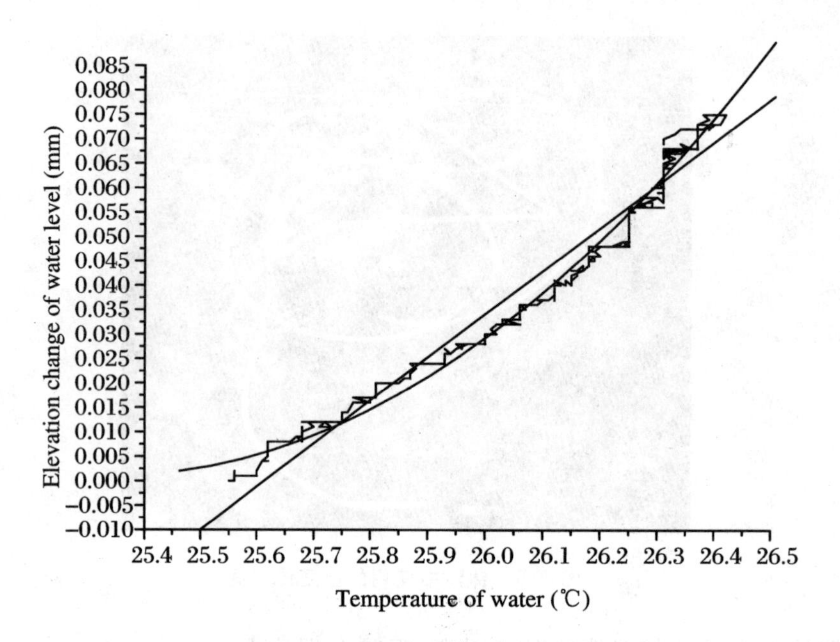

图 2.6 液面高度变化和温度的关系

这个误差,得到修正后的测量结果。但是,这里需要说明的是,正如前面所述,温度实验的条件很难得到满足,形成这个误差的因素也比较复杂,很难找到真正精确的修正拟合公式,以上所做的实验是对温度问题的定性考察,从实验结果来看,曲线的趋势是正确的,要得到更准确的实验数据和拟合公式,必须有更加成熟的试验条件后才可能获得。

在实际应用中,为了尽可能降低温度对测量结果的影响,往往采用国际上通用的方法,即,以 20 ℃时液体的体膨胀系数 β 为依据,假定系统的工作环境温度在 20 ℃左右不大的范围内波动,根据钵体中液体的近似深度 $h_{深}$(单位为 m),通过线性公式进行修正。

假设温度变化 ΔT 引起液体的体积由 V_1 变成了 V_2,原来液面高度为 h,钵体半径为 R,有

$$\begin{cases} V_1 = \pi R^2 h_{深} \\ V_2 = V_1(1 + \beta\Delta T) \\ V_2 = \pi R^2(h_{深} + \Delta h_{温度}) \end{cases} \tag{2.15}$$

则有

$$\Delta h_{温度} = h_{深} \cdot \beta \cdot \Delta T \tag{2.16}$$

用 20 ℃时液体状态作为参考时的修正公式为

$$\Delta h_{温度} = \beta \cdot h_{深} \cdot (T - 20) \tag{2.17}$$

若工作液体是水,线膨胀系数 $\beta = 200\ \mu m/(m \cdot ℃)$,这个公式为

$$\Delta h_{温度} = 200 h_{深} \cdot (T - 20) \tag{2.18}$$

$\Delta h_{温度}$的单位为 μm。

这个结论和测试结果基本吻合。

2.2.2 压力因素干扰分析

钵体中的液体液面的高度还取决于钵体中的大气压力,由公式(2.7)

$$p_1 + \rho_1 g_1 H_1 = p_2 + \rho_2 g_2 H_2 = C$$

可以得到,假如静力水准系统中使用同样的液体,其密度一致,系统的空间分布相对于不会引起重力加速度有明显变化的空间距离来说,也就是在一个比较小的范围内使用,可以认为重力加速度 g 保持不变,则由压力不同而产生的液面高度变化为

$$\Delta H = H_1 - H_2 = \frac{p_2 - p_1}{\rho g} \tag{2.19}$$

所以,对于静力水准系统的精密测量,压力的影响是特别大的。消除由于压力的不同而产生的测量误差,一种方法是在每个钵体中安装压力传感器,然后用一个一次项公式做理论上的修正。设在一个钵体中有个压力的变化值为 Δp,由这个压力变化而产生的液面高度的变化值为 ΔH,则有以下关系式

$$p + \rho g H = (p + \Delta p) + \rho g (H + \Delta H) \tag{2.20}$$

式中,p 是原来的压力,ρ 和 g 分别是液体的密度和重力加速度,化简得

$$\Delta H = -\frac{\Delta p}{\rho g} \tag{2.21}$$

假如用毫米汞柱表示压力变化为 Δp,则有

$$\Delta H = \frac{\rho_{Hg}}{\rho_{液}} \cdot \Delta p \tag{2.22}$$

当压力变化值 Δp 为 0.01 mm 汞柱,且系统中水温为 20 ℃时

$$\Delta H = \frac{13.5457}{0.998203} \times 0.01 = 0.135\ (mm) \tag{2.23}$$

每个钵体中压力传感器测量到的压力变化,运用式(2.21)进行校正。

但是这种方法有其不利的地方：一是每个钵体中必须安装压力传感器，增加了加工和使用成本；二是压力传感器的数据需要不断采集、处理，增加了数据采集系统和处理系统的成本和计算的复杂性；三是安装压力传感器以后势必使单个钵体的体积变大，不符合尽量使钵体体积更小的原则。

消除压力变化引起的误差的另一个办法是用密封的气管连接系统中每个钵体传感器，这样能够保证整个测量系统在相同的压力下。

如果不采用密封的系统，将有很多因素影响压力的变化，这些变化可以是短暂的，也可以是局部的，也可能是随时间推移而变化的。比如，由于测量系统所在现场的人员走动可能引起局部的压力的变化；还有门窗的开和关，引起气流的变化而引起压力的短暂变化；而气候的变化可能引起压力在一定时间段内的变化，等等。有资料显示，采用了密封的系统以后，在数百米的范围内，系统内的压力基本保持不变而不会影响测量精度。

2.2.3 液体的蒸发

静力水准系统中液体的蒸发是不可避免的，由于环境条件的不同，水的蒸发速度一般为 0.03～0.17 mm/h。

对于一个密封的静力水准系统，连通管和钵体中的液体均匀的蒸发对系统的测量没有影响，因为测量的结果是两个以上传感器之间读数的差值。但是，当蒸发是由系统的局部区段强烈受热或者受冷产生的时候，系统中的液面就不会整体等高，必然影响到测量的精度。

2.2.4 液体的成分与质量

静力水准系统在检修过程中往往会打开钵体，这时其中的液体会受到环境中灰尘等物质的污染，如果是采用水作为工作液体，在系统的管道中甚至会出现如棉絮状的真菌的繁殖。工作液体中出现这些杂物必然会引起液体密度的改变，甚至会出现水管的堵塞，也使得温度修正计算发生困难，所以应该尽量避免工作液体中出现杂物。

首先，必须保证在打开系统的时候环境尽量干净，操作的时候不要把杂物带到系统中去，在系统处于工作状态时，应该保持系统的密封良好。

其次，系统中液体管道、传感器钵体和部件在选材时要考虑到不能与工作液体发生化学反应和产生杂质。比如，如果采用水作为工作液体，采用没有防蚀层的硬铝制作传感器钵体或者连接元件，就会发生水与硬铝的氧化反应，产生杂质。所以系统中的元件，尤其是金属元件都必须做防蚀处理。

为了防止在系统中液体产生真菌等生物，尤其是采用水作为工作液体的时候，应该在水中加入0.1%的福尔马林来作为防腐剂。

目前，在静力水准系统中常用的工作液体是纯净水或者去离子水，因为它比较便宜和容易得到，而且对温度差异所引起的测量误差的补偿计算也比较方便。

酒精也是比较常用的工作液体。尤其在比较寒冷的工作环境中，使用酒精作为工作液体更有优势，因为酒精的凝固温度是－117℃。但是酒精的价格相对较高，膨胀系数也比水大，需要更精确的温度测量，对测量结果进行温度因素改正。

对于在距离不长而且环境温度变化较大的环境中，也有用汞作为工作液体的。汞的凝固温度为－39.4℃，可以在寒冷环境中使用，汞的密度很大，环境的压力变化对测量精度影响较小。尤其是汞的体膨胀系数比水小得多，而且随着温度变化而引起的密度变化接近于线性，在计算温度影响的改正数时就更加精确。但是汞是有毒物质，在使用过程中要注意人身安全。

2.3　传感器的标定

引起静力水准测量误差的因素很多，除了上述的各种因素外，每个传感器也存在着个体的差异，包括采用元件的实际技术参数的差异和加工、组装等产生的实际技术指标的差异。因此，任何高精度的静力水准传感器在使用之前都必须进行严格的标定。作为传感器生产厂家，在产品出厂之前需要进行标定，作为使用者，在使用之前也应该进行全面检查或抽查，考察产品的标称的技术指标和实际技术指标是否符合。

传感器的标定往往分为两部分。一部分是检测传感器的核心部件是否满足测量精度的要求，比如电容传感器，其电容器的电路设计、结构设计，能否达到高精度位移测量应有的敏感性、可重复性和精度。在此情况下，需要设计专门的检测平台，使用专门的可以作为基准的仪器设备。具体的实例可以参考 7.1 节。另外，直接对核心部件检测还有一个好处是能比较快地发现核心部件的缺陷。

第二部分是检测传感器整体的技术指标。各种元件、部件组装成钵体传感器，其性能除了受到各个组成部分性能和质量的影响，还受到组装以后的结构，元、部件相互关系的影响。所以钵体传感器的性能和技术指标是综合的结果。但是，作为静力水准系统的组成部分，它又是被作为一个单元来看待的，在系统中，考量它的正是它的综合指标。由于钵体传感器之间具有很强的个体差异性，无论国内或国外的传感器生产厂家对出厂的产品，都会对每个钵体传感器做独立的标定，并给出标定参数。所谓标定参数实际上是作为拟合用的实际检测数据。

静力水准传感器的理想工作状态应该符合线性要求，即，被测位置的机械变化量与传感器测得量的输出信号之间最好呈现线性关系。但是，实际上不可能完全实现。大部分传感器的输出信号是电信号，有以电压的变化反映被测量的变化，也有以电流变化反映被测量的变化。被测量的变化只是液体位置的高低变化，符合线性的变化状态。但是电信号的输出往往是通过电学的相关转换，输出量和被测量之间很难有直接的线性关系。正是如此，需要进行钵体的标定。当液面位置变化某个量，传感器输出的电信号也发生某个量的变化，尽管它们不是线性关系，但是往往是一一对应关系，通过嵌入式计算软件，或者后续专用软件，将输出信号转化成可读的被测量的位置变化量。上述的电容传感器的输出量实际上也是电压的变化量。这些电信号的输出量和被测量实际值之间的符合程度反映传感器的灵敏度、可重复性、分辨率以及测量精度技术指标。

因此，钵体传感器的标定就是考量被测量和被处理过的输出信号的读出量的符合程度。标定的概念是，模拟传感器工作状态，使液面发生可控变化，读取传感器输出信号，比较两者符合程度，或者用多项式拟合的方法，在一定的精度控制下，用多项式表达输出量和被测量实际变化的关系。控制液面变化的方法有很多，但是这个变化必须是可控可测的，而且其测量的精度一定要求比传感器工作要求的精度高一个量级以上。输出量的测量，一种是原始的电压或者电流的测量，确定被测量和输出的电信号之间的计算关系式，并写入计算软件，这个计算软件往往嵌入在相应的钵体传感器中。另一种输出量的测量是直接读出转化后的输出信号，往往是数字信号，通过被测量实际变化值和输出的结果进行比较，并用多项式拟合确定两者之间在一定精度要求下的计算关系式。这个关系式通过特定格式输入到数据采集的软件中，这样，以后该传感器的测量值的输出都会经过该关系式的计算得到一定精度的输出值。由此也可以看出，这种方法需要在建立静力水准系统时，分别在软件中输入该系统中包含的不同传感器的拟合修正公式。

一般情况下，每个传感器在出厂时的文件中都有其检测结果，其中有的包括其拟合参数，有的已经将拟合关系嵌入在其内部的信号预处理软件中。在用户使用这些传感器建立静力水准测量系统的时候，要根据不同情况，进行软件和系统结构的不同处理，最终得到测量结果。具体实例参考第7章。

第3章　系统稳定性研究

静力水准系统的工作介质是液体,系统工作时需要液体处于相对稳定的状态,如果液体不稳定,测量得到的数据是不可用的。但是由于液体的蒸发等原因,往往需要定期补充液体,另外,由于工作环境是不可能与外界完全隔绝的,在现场进行其他工作,都有可能触动到系统,使系统产生机械移动,打破了系统的稳定状态。那么,系统对这些不稳定的干扰抵抗能力如何?一旦系统被外界的干扰打破,需要多长时间才能重新稳定而可以进行后续的测量?系统的哪些参数和这些不稳定有关系,从而更合理地确定系统的一些参数?

先从液体在系统中的运动研究入手,再讨论系统的相关参数问题。

3.1　系统中液体的运动

假设有一个两钵体的系统,相隔距离为 L,它们用直径为 d 的管道连接(图 3.1)。

如果开始的时候,系统中液面处在平衡面,当系统受到外界的干扰,比如地面的运动、液体管道受到可还原性触动等,液面就会失去平衡,其中在一个钵体中的液面就会比另一个钵体中的液面高,在图 3.1 中是假设钵体

1 中的液面比钵体 2 中的液面高。这个时候液体就会在系统中流动，即从钵体 1 流向钵体 2。

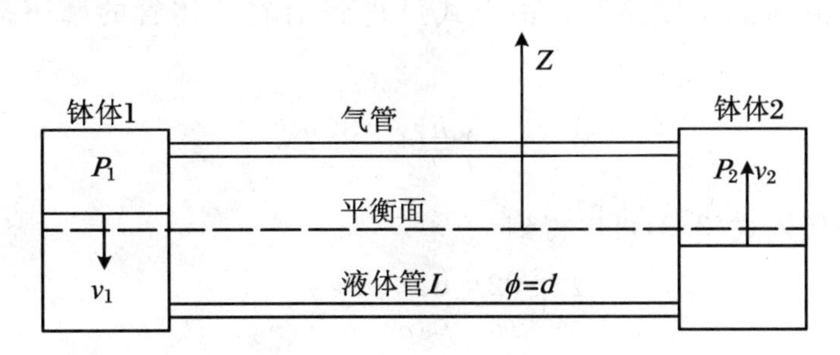

图 3.1　两钵体系统示意图

对于一维的不可压缩的液体运动方程，由欧拉（Euler）方法和非定常的伯努利（D. Bernoulli）方程得到

$$\frac{v_1^2}{2g}+\frac{P_1}{\gamma}+z_1=\frac{v_2^2}{2g}+\frac{P_2}{\gamma}+z_2+\frac{1}{g}\int_{s_1}^{s_2}\frac{\partial v}{\partial t}\mathrm{d}s+\sum h_f \tag{3.1}$$

式中，v_1，v_2 是流动的平均速度，方向和流动方向一致；P_1，P_2 分别是两个钵体中液面上的压力；z_1，z_2 是液面相对于平衡面的高度；$\gamma=\rho g$，ρ 是液体的密度，g 是重力加速度，$\sum h_f$ 是摩擦力产生的运动损失；s 是沿着流动方向的运动距离。

由于钵体之间有气管相连接，以保证两个钵体中的大气压一致，所以有：$P_1=P_2$。对于非压缩流体的运动，有：$v_1=v_2$；另外两个钵体的内径是一样的，则上式可以简化为

$$z_1-z_2-\frac{1}{g}\int_{s_1}^{s_2}\frac{\partial v}{\partial t}\mathrm{d}s-\sum h_f=0 \tag{3.2}$$

又由于液体的流动是连续的，所以在液体管道里液体的流动速度为：$v=v_1A/a$，这里 A 和 a 分别是钵体和液体管的内截面面积。对式(3.2)沿流体流动线路微分，得到

$$\frac{\mathrm{d}v_1}{\mathrm{d}t}+\frac{g}{\sigma}\sum h_f+\frac{2g}{\sigma}z=0 \tag{3.3}$$

这里，$\sigma=2h+lA/a\approx lA/a$，$l$ 是液体管道的长度，h 是液体在钵体中的高度。

根据泊肖叶（Poisenille）定律，对于水平管道的液体流动，摩擦产生的总的损失用下面的式子表示

$$\sum h_f = \frac{32\mu l}{\gamma d^2}v \tag{3.4}$$

这里，μ 是流体的黏度系数。由上式可得到沿着液体管的摩擦损失的梯度为

$$J = \sum \frac{h_f}{l} = \frac{32\mu}{\gamma d^2}v \tag{3.5}$$

将式(3.4)代入式(3.3)可以得到

$$\frac{\mathrm{d}^2 z}{\mathrm{d}t^2} + \frac{32\mu}{\rho d^2}\frac{\mathrm{d}z}{\mathrm{d}t} + \frac{2g}{\sigma}z = 0 \tag{3.6}$$

上式表明，这个系统中的液体的运动是典型的阻尼振荡，其阻尼因数 β 满足

$$2\beta = \frac{32\mu}{\rho d^2} = \frac{gJ}{v} \tag{3.7}$$

而振荡的固有角频率 ω_0 满足：$\omega_0^2 = 2g/\sigma$。

振荡方程(3.6)的解组为

$$\begin{cases} z = \dfrac{\omega_0 H_0}{\sqrt{\omega_0^2 - \beta^2}}\mathrm{e}^{-\beta t}\cos\left(\sqrt{\omega_0^2 - \beta^2}\,t - \arctan\dfrac{\beta}{\sqrt{\omega_0^2 - \beta^2}}\right) & (\beta < \omega_0) \\ z = H_0(1 + \beta t)\mathrm{e}^{-\beta t} & (\beta = \omega_0) \\ z = \dfrac{\omega_0 H_0}{\sqrt{\beta^2 - \omega_0^2}}\mathrm{e}^{-\beta t}\sinh\left(\sqrt{\beta^2 - \omega_0^2}\,t + \operatorname{arctanh}\dfrac{\sqrt{\beta^2 - \omega_0^2}}{\beta}\right) & (\beta > \omega_0) \end{cases} \tag{3.8}$$

这里，H_0 是初始时液面高于平衡面的高度。

对于静力水准系统，液体必须能够自由流动，即管道中的阻尼不能太大，所以讨论液体在管道里的震荡一般是讨论阻尼不太大的情况下的液体运动情况，也就是在 $\beta^2 < \omega_0^2$ 和 $\beta^2 = \omega_0^2$ 两种情况下的运动。对于 $\beta^2 > \omega_0^2$ 的情况，阻尼太大，震荡不再具有周期性，震荡系统来不及完成一次震荡就逐渐停止在平衡位置上。

对于 $\beta^2 < \omega_0^2$ 的情况，β 越小，说明阻尼越小，振幅随时间衰减越慢；β 越大，说明阻尼越大，振幅随时间衰减越快。$\beta^2 = \omega_0^2$ 的情况是下面要讨论的内容。

3.2　液体管道直径的选择和系统的抗干扰能力

系统在受到外界干扰的时候，系统中的液体产生振荡，所以系统中管道的直径选择的原则应该是使这个振荡尽快衰减，使系统尽快恢复到正常的工作状态。

在振荡公式(3.6)中，当 $\beta=\omega_0$ 时，有

$$\frac{16\mu}{\rho d^2}=\sqrt{\frac{2g}{\sigma}} \tag{3.9}$$

这时液体的运动处于临界震荡状态，这个时候的震荡衰减到静止状态的时间最短。由方程(3.6)的解组(3.8)中的第二式得到液体的临界直径，也即最优直径为

$$d_c=\left(\frac{16\mu D}{\rho}\right)^{1/3}\left(\frac{1}{2g}\right)^{1/6} \tag{3.10}$$

这里，D 是钵体的内径。

这个时候的固有角频率和震荡周期分别为

$$\begin{cases}\omega_c=\dfrac{d_c}{D}\sqrt{\dfrac{2g}{l}}\\[2ex] T_c=\dfrac{2\pi}{\omega_c}=\dfrac{\pi D}{d_c}\sqrt{\dfrac{2l}{g}}\end{cases} \tag{3.11}$$

临界震荡的周期是指震荡的振幅由初始值衰减到初始值的 1.3% 所需要的时间。对于上述的系统，其震荡周期是和管道的长度的平方根成正比的。

例如，对于某个系统，钵体的内径是 0.126 m，采用的工作液体是水，其密度是 $\rho=1\,000\ \mathrm{kg/m^3}$，取水的黏性系数为 $\mu=4\times10^{-7}\ \mathrm{kg/(m\cdot s)}$；运用公式(3.10)和(3.11)可以分别计算出不同管道长度时的管道临界(最佳)内径和衰减周期。表 3.1 中列出了若干组管道长度、内径和衰减周期的数据。图 3.2 是这些数据在坐标系中的表示。比如，对于一个管道长度有 500 m 的系统，选择管道内径为 15.92 mm，其衰减周期约为 248 s，而对于一个管

道长度为1 000 m的系统，选择管道内径为17.9 mm，衰减周期约为314 s。

表3.1 管道内径、管道长度和衰减时间的关系

管道长度(m)	管道内径(m)	衰减周期(s)
1	0.005 65	31.339 58
5	0.007 39	53.589 93
10	0.008 30	67.519 08
50	0.010 85	115.456 00
100	0.012 18	145.465 44
500	0.015 92	248.742 41
1 000	0.017 87	313.395 80

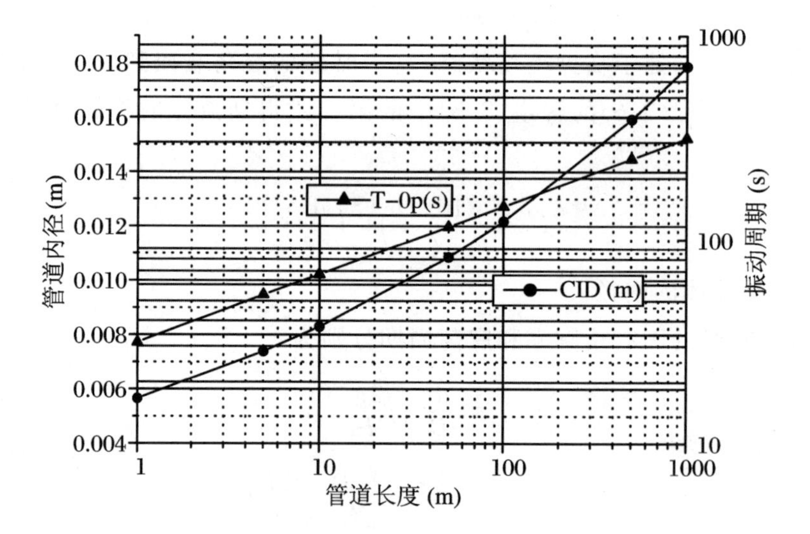

图3.2 管道临界内径和衰减周期

3.3 结　　论

从理论上讲，对于静力水准系统来说，任何来自于外界的干扰，不管是由于传感器钵体的高度发生变化，还是整个系统(包括传感器和液体管道)

发生倾斜，都会引起液体在系统中的阻尼震荡运动，这个震荡的衰减周期是和液体管道的长度的平方根成正比的。为了使系统能够在受到外界干扰后最快地恢复到平衡状态而进行正常工作，应该根据系统中液体管道长度，利用上述的计算公式计算出最佳的管道内径。或者说，静力水准测量的规模不同，对系统的结构参数设计也应该不同。

另外，在讨论液体在系统中的运动时，通常情况都忽略了其他一些影响因素，比如液体管道的内表面的光滑程度肯定会对液体的流动有影响；实际工作的系统也往往多于两个钵体连接成的系统；还有液体黏性系数也受到温度等环境因素的影响等。所以在系统的现场测试和使用过程中，系统受到外干扰后的恢复时间会比计算得到的结果要长一些。这个结论在本书后面的实际应用实例所采集到的数据中得到了证实。

第4章　宏观因素对系统的影响

HLS作为精密的测量系统，受到的外界干扰因素的除了前面叙述的温度、压力等以外，还有一些容易被忽略的因素，本章将概括性地探讨这些问题。

4.1　地球曲率半径改正数

地球的表面是个曲面，对于一般的民用建筑来说，它们依照地球表面曲面建造，基本不考虑由于地球曲面引起的绝对水平的偏差。但是对于一些特殊的建筑，例如电子直线加速器，如果希望利用HLS系统测量一个距离很长的直线两端的垂直方向的高度差，必须考虑地球本身的这一因素。假如要建造一个10 km长的粒子直线加速器，用HLS建立高程（纵向）监测网，图4.1显示的是直线加速器的轨道和HLS中平衡液面的轨道。

直线加速器的长度等于10 000 m，地球半径6 378 140 m，可以计算得到

曲线距离 = 9 999.991 8 m

水平距离 = 9 999.990 8 m

高度差 = 7.839 m

倾斜度 = 1.568 mrad（毫弧度）

可以引进地球参考面曲率改正数来修正上面的测量偏差。假设地球的

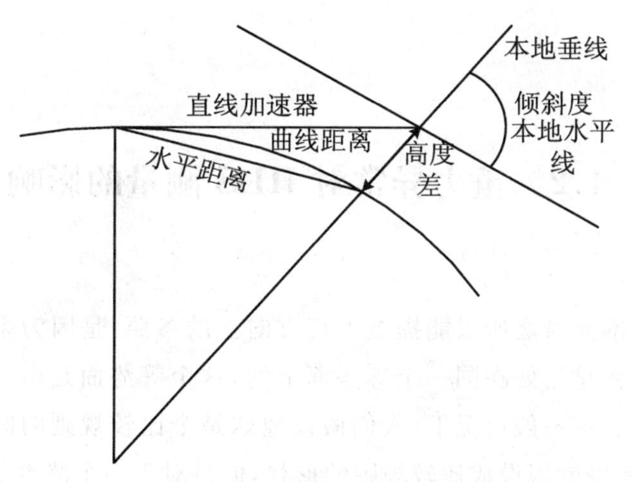

图 4.1　直线和 HLS 监测线的不同

半径为 R，从静力水准系统测量的起点（切点）到末点的距离为 L，则改正数的计算公式为

$$\delta R \approx \frac{L^2}{2R} \tag{4.1}$$

在用 HLS 测量大距离的直线性工程时，如果只使用一套 HLS 系统进行测量，地球的弯曲表面使得测量的结果和实际情况差距很大。这个时候还可以采用多个 HLS 系统“接力”的办法来解决这个问题，即在保证 HLS 测量结果和由于地球曲面引起的误差在工程允许范围内的直线段上安装一套系统，在下一段再安装另一套 HLS 系统，同时保证两套系统接头处的相对位置能精确测量和确定。这样就能保证整个工程在垂直方向的测量参考网是一致的。这种方法同样也适用于实际工程中有较大斜坡而又要保证这个斜坡具有统一的垂直方向测量参考网的情况。图 4.2 显示这种情况。

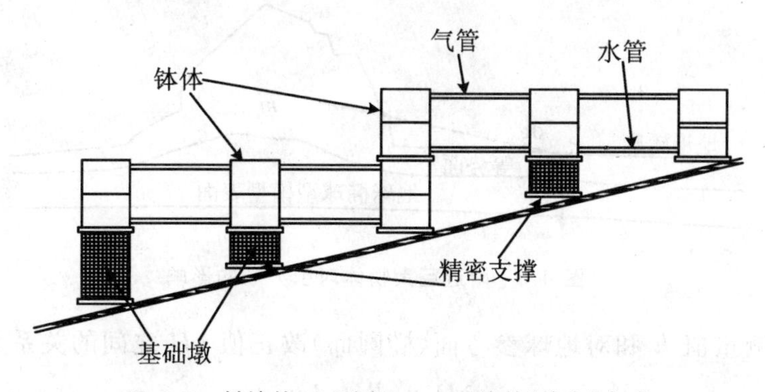

图 4.2　斜坡的 HLS 测量——系统的“接力”方式

4.2 重力异常对 HLS 测量的影响

静力水准测量之所以能提供垂直方向上的参照,是因为系统中的液体在平衡的时候总是处在同一个等势面上的,这个等势面是由地球的万有引力场引起的。在一般情况下,人们假设地球是个比较规则的圆球或者椭形球体,等势面也就假设成比较规则的形状,但是对于一个测量范围比较大的工程,在这个范围内的等势面形状往往很复杂,很难确定,引起等势面形状不规则的因素主要来自两个方面:一方面是附近巨大物体的万有引力作用;另一方面是月亮和太阳的万有引力作用。

4.2.1 附近巨大物体的作用

地球表面的轮廓或者地球本身局部的密度的不均匀都会引起地球引力场和均一等势面轮廓模型的差异,给液体水平面的形状带来一定的变形。对高精度静力水准测量,这种影响是不能不排除的。比如山峦对其附近某个区域的引力场就会产生比较大的影响。如图 4.3 所示,假设一座大山的质量为 m,它对附近某一点 P 的万有引力为 dg,这个引力和地球的引力 γ 的结合才是 P 真正受到的引力。

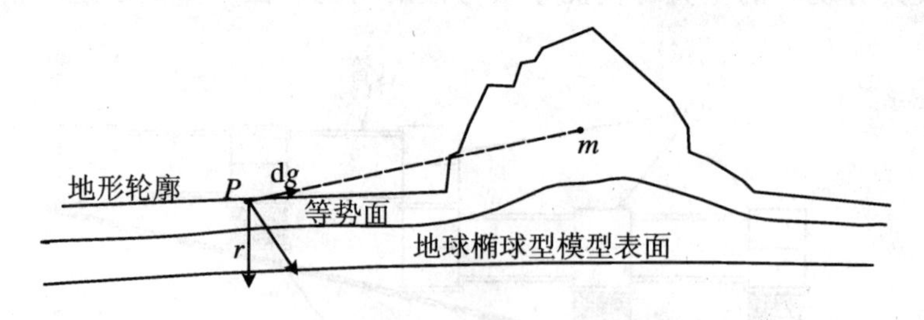

图 4.3 附近巨大物体对引力场的影响

对测量值 h 和对地球参考面(椭圆面)改正值 δH 之间的关系为

$$\delta H = h + Lv_i \tag{4.2}$$

其中，L 为水准测量点之间的距离，ν_i 为垂线偏差，它由以下公式求出

$$\nu = -(\xi\cos A - \eta\sin A) \tag{4.3}$$

式中，ξ 为垂线偏差在子午面内的分量，η 为垂线偏差在卯酉圈内的分量，A 为方位角。

如果静力水准系统是沿着子午线布置的，有

$$\delta H = h + \xi L \tag{4.4}$$

对于不均匀重力场，一般情况为

$$\xi = \xi' + \delta\xi \tag{4.5}$$

式中，$\delta\xi$ 为在子午面内垂直偏差分量的变化量，则有

$$\delta H = h + \xi' \cdot L + \delta\xi \cdot L \tag{4.6}$$

如果建筑物在子午面内是直线形状，且沿着该直线有 i 个测点，则第 i 个测点的测量改正数为

$$H_i = H_0 + \sum_1^i h_i + \xi' \sum_1^i L_i + \sum_1^i \delta\xi \cdot L_i \tag{4.7}$$

令

$$H'_i = H_0 + \sum_1^i h_i + \xi' \sum_1^i L_i \tag{4.8}$$

则

$$H_i = H'_i + \sum_1^i \delta\xi \cdot L_i \tag{4.9}$$

式中，h_i 为第 i 测点的测量值，L_i 为水准点间的距离。

对于空间任意方位的直线，公式(4.9)变为

$$H_i = H'_i + \sum_1^i \delta\nu L_i \tag{4.10}$$

式中，$\delta\nu$ 为垂直偏差的变化量。

有研究证明，垂直偏差的影响是极大的，100 m 达到 0.068 mm，200 m 可达到 0.082 mm。

前苏联中央测绘科学研究所研究出 $\delta\nu$ 和重力变化 δg mGal($10 \cdot 10^{-9}$ cm/s^2)之间的关系为

$$\delta\nu = 0.15'' \cdot \delta g \tag{4.11}$$

例如，为了对距离 500 m 的水准测量结果考虑重力异常的影响，精度要求达到 0.015 mm，这时 $\delta\nu = \dfrac{0.015 \times 360 \times 3\,600}{500 \times 1\,000 \times 2\pi} = 0.006''$，则有

$$\delta g = \frac{\delta \nu}{0.15} = \frac{0.006}{0.15} = 0.040\ (\mathrm{mGal})$$

所以对于精度要求特别严格的工程,如果使用 HLS 系统进行垂直方向的测量,必须首先对工程所在位置的引力场的分布进行研究,建立一个等势面模型,根据这个模型对 HLS 系统测量的数据进行必要的修正。在某些情况下,由于大型建筑物的特点,即使对重力进行了测量,也很难充分地顾及到重力异常对高程测量的影响。

由于附近岩层空洞中充满地下水,或者由于安装了具有很大重量的机器设备等,都可能使重力发生变化。垂线偏差的最大变化可用下式表达

$$d_{\nu} = \frac{8}{9} \cdot \frac{\pi}{\sqrt{3}} \cdot \frac{f \rho R^3}{g D^2} \tag{4.12}$$

式中,R 为物体的半径;ρ 为物体的密度;D 为至物体的距离;f 为万有引力常数。

在实际测量工作中,应该从必要的测量精度和这些影响的程度出发,来确定加入相应的合理的改正数。

4.2.2 月亮和太阳引力的影响

月亮和太阳的引力作用减小了地球上的引力场的强度,对于地球上的某一点来说,它们影响的大小是随着它们相对于地球的位置的变化而变化的。海洋潮汐现象是月亮和太阳引力影响的结果。假如把地球看成有弹性的流体,地球本身也会受到它们的引力的影响而产生不断的变形,这就是地球潮现象,这种现象由比利时科学家 Melchior 在 1966 年提出来并加以研究。

地球潮使地球的形状发生不断的变化,而加速器一般是紧密安装在地球表面地基上的,也必然随之变化,显然,如果这个变化超过一定的范围,必须通过准直测量来修正。根据 Melchior 的研究,地球潮引起的地球形状的变化是周期性的波动。振幅,也就是最大的形变可以达到 ±40 cm,这个波动可以分解为一些正弦波,周期大约 12 h。但是对于几十公里的范围内,即使在最不利的情况下,即振幅刚好出现在这个范围内,周期在12 h,地表面的高度变化一般也在 ±10 μm 以内,对于大型加速器来说,这个变化一般远远小于精度允许的偏差,所以在一定的范围内可以忽略。

海洋潮汐现象和地球潮现象都对 HLS 的测量有影响,一方面是因为 HLS 系统中有液体的存在,海洋潮汐现象在一定规模的测量系统中必然有所反映;另一方面,HLS 是固定在地球表面的,也会随着地球潮引起的地球表面的形变而产生位置上的变化。

根据潮汐理论,HLS 系统中处于平衡状态的液体和地球本身都随着万有引力场的变化而产生形变,变化是来源于月亮和太阳相对于地球的位置的变化。根据 Melchior 的研究,来自于月亮或者太阳的这种干扰的引力是从势能 W_2导出的,W_2表示为

$$W_2 = \frac{GM_e(M_c/M_e)}{2} \cdot \frac{a^2}{r^3}(3\cos^2 z - 1) \tag{4.13}$$

式中,G 为牛顿万有引力常数;M_e,M_c为地球的质量和给定天体的质量;a 为给定点到地球中心的距离;r 为天体到地球的距离;z 为地球某处给定天体的天顶角。

G,M_c和 M_e是已知的,a 可以计算出来,而 z 和 r 可以由天文学理论计算出来。又根据 Melchior 的理论,引力等势面的变化量 ξ 可以推导如下:

由

$$\xi = W_2/g \tag{4.14}$$

又

$$g = \frac{GM_e}{a^2} \tag{4.15}$$

可以得到

$$\xi = \frac{m_1 \cdot a^4}{2r_1^3}(3\cos^2 z_1 - 1) + \frac{m_s \cdot a^4}{2r_s^3}(3\cos^2 z_s - 1) \tag{4.16}$$

式中,m_1,m_s为月亮和太阳与地球的质量之比;z_1,z_s为某点的月亮和太阳的天顶角;r_1,r_s为月亮和太阳到地球的距离。

通过计算可以得到 ξ 的绝对值有几十厘米的取值范围。HLS 中钵体之间的读数的变化包含了管道里液体的潮汐现象的影响,也包含支撑 HLS 系统的地面的地球潮现象的影响。这些影响是要消除的,不然就会把包含这些影响的数据反映的高度的变化错误地转化为粒子加速器中部件的位置变化。

上面的讨论说明,潮汐现象对加速器本身的位置的影响效果往往可以忽略,而对于 HLS 测量系统来说,这个影响是要加以考虑和修正的。

Melchior 在 1966 年提出用 3 个“love 数”来公式化地表达地球潮：任何由于潮汐因素引起的弹性变化都可以用“love 数”的组合来表达，其实质就是将某一点到地球中心的距离作为函数的单一因变量。在地球表面潮汐现象用到两个 love 数：一个是 h，另一个是 k，它们分别表示

$$h = \frac{\text{实际垂直位移}}{\text{平衡潮垂直位移}}; \quad k = \frac{\text{潮汐附加位}}{\text{引潮力位}}$$

将地球看成一个刚体而产生的潮汐现象称为平衡潮，它是固体潮的理论值；潮汐附加位是由于弹性地球的潮汐形变而引起潮力位的变化。

所以总的干扰势能是 $(1+k)W_2$，平衡状态时观测到的海洋潮汐的高度为 $(1+k)\cdot W_2/g$，假如这个观测是相对于地球表面的一个基准，而这个基准本身由于地球潮的作用也会产生相对原来地球表面的位移，位移量为 $h\cdot W_2/g$，那么实际观测的变化是

$$\xi = (1+k-h)\cdot\frac{W_2}{g} \tag{4.17}$$

Jober 和 Coulomb 在 1973 年给出 h 和 k 的值是 $1+k=1.3$ 和 $h=0.6$，那么 $1+k-h=0.7$。这说明在地面某处观测到的平衡状态的海洋潮的高度是假设地球没有地球潮时观测到的海洋潮汐高度的 70%。

假如在一段距离的两端各安装一个 HLS 的钵体，组成一个两钵体的 HLS 系统来测量这两个点的高度的变化。如果不考虑潮汐现象的影响，这两个钵体传感器的读数可以直接给出高度差，但是实际上这些读数包含了潮汐现象的影响。

在图 4.4(a)中，只考虑水的潮汐现象对 HLS 读数的影响，假设月球和太阳对 HLS2 的引力大于对 HLS1 的引力，那么水的表面在 HLS2 这一端就会更接近基准面，也就意味着 HLS2 显得比 HLS1 的高度要低，这个影响造成的读数误差为

$$h_{\mathrm{HLS2}} - h_{\mathrm{HLS1}} = (1+k)(W_{22}/g - W_{21}/g) \tag{4.18}$$

W_{22}，W_{21} 分别表示在 2 点和 1 点处的潮汐势能。

在图 4.4(b)中只考虑地球潮的影响，还假设月球和太阳对第 2 点处的作用大于对第 1 点的作用，由于 HLS 系统是固定在地球表面的，这时第 2 点处的 HLS2 的基准面比第 1 点处更远地离开了水的平衡面，在 HLS 读数时就意味着 HLS2 处比 HLS1 处变得更高。这个高度误差表示为

$$h_{\mathrm{HLS2}} - h_{\mathrm{HLS1}} = -h(W_{22}/g - W_{21}/g) \tag{4.19}$$

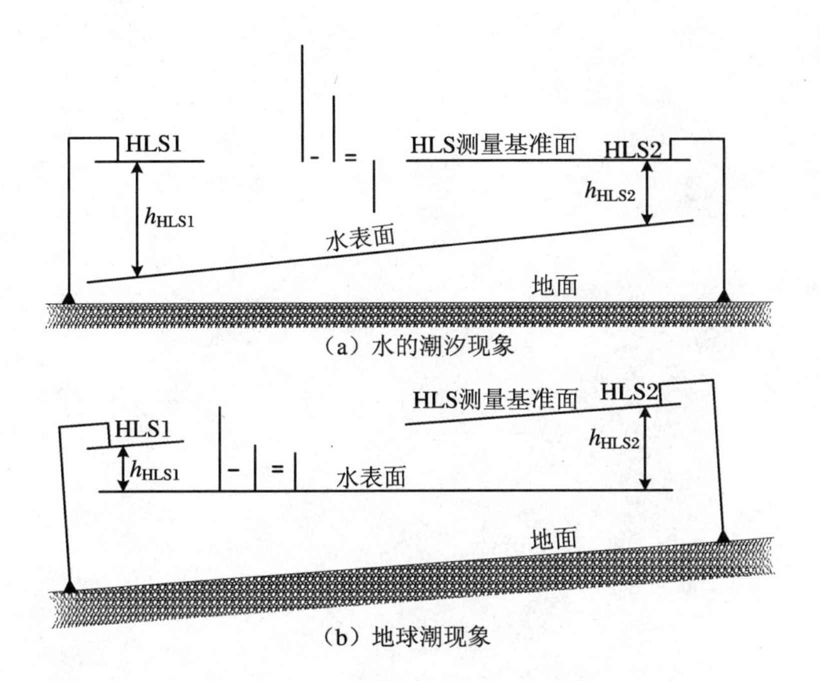

图 4.4　潮汐现象对 HLS 读数的影响

从上面的讨论可以看出,地球潮和水的潮汐现象对 HLS 的读数的影响效果刚好相反。如果 HLS2 和 HLS1 的读数分别为 h_{HLS2} 和 h_{HLS1},对于这两个潮汐现象所引起读数误差,也就是相对高度的测量误差的改正量为

$$\Delta_{21} = (h_{HLS1} - h_{HLS2}) - (1 + k - h)(W_{22}/g - W_{21}/g) \tag{4.20}$$

对于相距 100 m 的两个钵体,潮汐的共同作用的影响所产生的两个钵体读数的误差是以 12 h 为周期的波动,变化的最大幅度一般有 15 μm,所以在高精度水准测量时,这个影响必须加以改正。

第 2 部分　设计和应用实例

第5章　高精度CCD静力水准传感器的设计

北京高能物理研究所在上世纪80年代建造了我国最大的粒子加速器——北京正负电子对撞机，简称BEPC。21世纪初，为了得到更高的对撞亮度，决定对原有机器进行改造，并列为我国"十五"重大科学工程之一，该工程简称BEPCⅡ。BEPCⅡ工程是在已有的BEPC电子储存环隧道中再增加一个储存环，以期将束流亮度提高两个数量级(图5.1)。由于第二个环的建设，使本来就不宽裕的储存环隧道空间变得更加拥挤，给机器的准直测量工作带来很大困难，同时实时监测机器关键部件的位置变化对束流位置的影响也变得更加重要，所以工程决定资助研制具有自主知识产权的静力水准系统，用于储存环和其他关键部位垂直方向位移的实时监测。

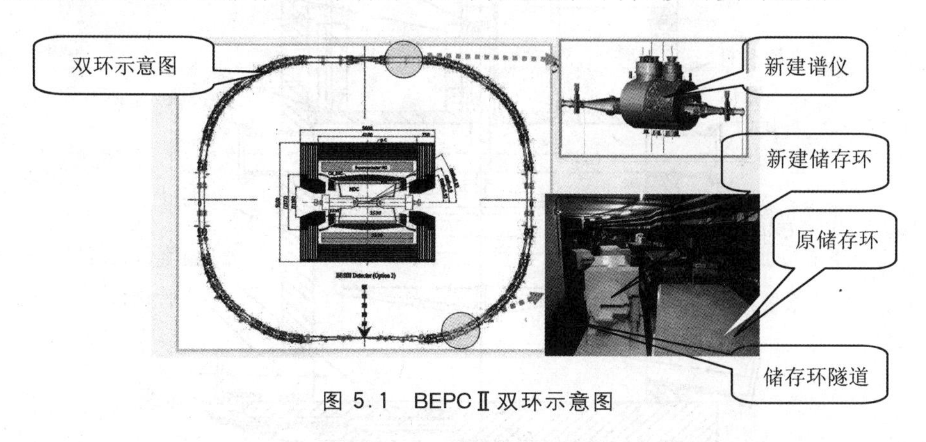

图5.1　BEPCⅡ双环示意图

根据广泛调研的情况分析，决定设计以CCD耦合器件为核心的数字式静力水准传感器，其优势是：① 传感器本身工作情况稳定，受环境因素干扰较小，电漂、温漂等现象可以忽略；② 数据的传输和采集不需要经过模数转换，减少影响精度的环节；③ 数据的处理也更为方便快捷，尤其对反馈调整更为有利。

国家地震局地壳应力研究所曾经开发过一套类似的静力水准系统，不过他们的CCD传感器精度、结构、材料和技术指标远远没有达到本项目的要求，但是他们有一定的技术平台，所以本课题决定与他们合作，在已有的基础上进行创新。在传感器结构、材料和标定测试方法上，进行彻底改革，将系统的技术指标提高一个数量级以上。

5.1 传感器的原理设计

图5.2所示的是CCD数字式静力水准传感器的装配图。各个钵体传

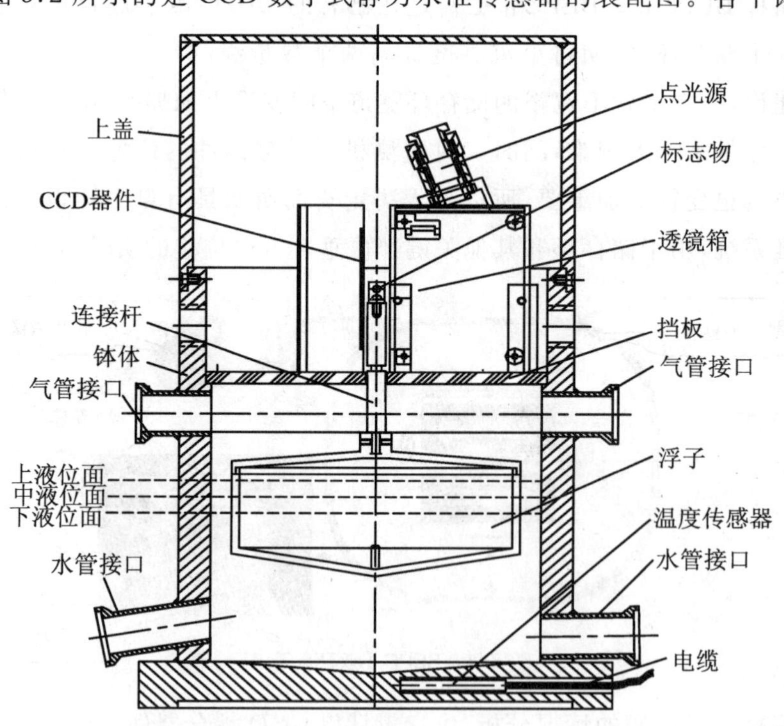

图5.2 传感器装配图

感器在工作中，通过连接水管注入一定量的工作液体，下液位面到上液位面之间的距离决定了传感器的量程，浮子随着液位面的高低而上下移动，通过连接杆带动标志物也作上下移动。

系统中的点光源经反射镜偏转后反射到凸透镜，产生一束平行光，照射在标志物上，在标志物的另一面安装有电荷耦合器件(CCD)，标志物被光线照射所产生的阴影投射在 CCD 上，见图 5.3 所示的原理图。随着标志物随液面上下移动，阴影在 CCD 的位置不同，CCD 的输出信号会发生变化，记录和保存这些反映标志物阴影的位置变化的数据，实际上就是钵体中液面高度的变化，也反映了该钵体所在的测点位置的高度的变化。

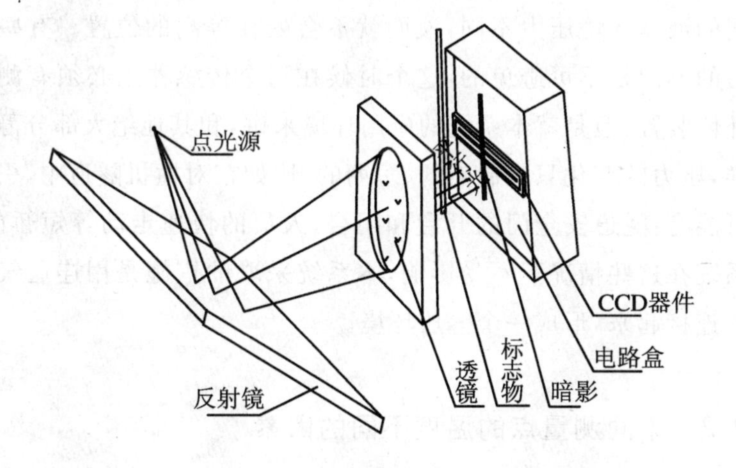

图 5.3　光路及 CCD 工作示意图

CCD 外围电路配置单片机系统，由单片机发出驱动脉冲，驱动 CCD 工作并收集 CCD 产生的像元信号，单片机还发出通讯控制信号，和通讯接口转换器连接，发送和接收信号，通过 RS485 接口和通讯线与数据采集器连接，实现数据的传输、储存和处理。图 5.4 是 CCD 外围电路的原理框图。

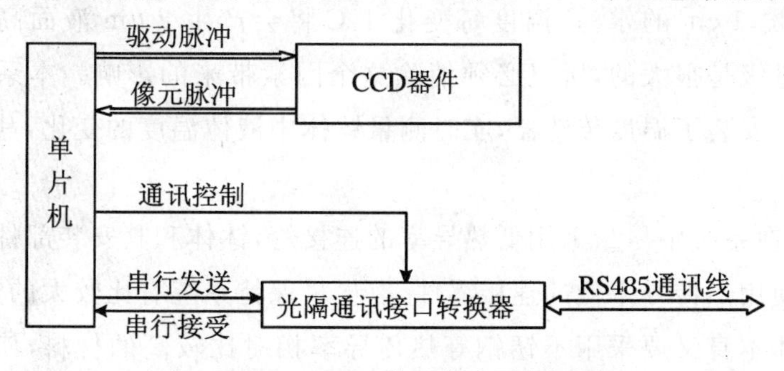

图 5.4　CCD 外围电路原理框图

5.2 传感器设计中所要考虑和解决的问题

5.2.1 不同钵体之间压力不同的因素

静力水准系统的基本原理是连通的液体等势面等高，但是如果系统中钵体之间的液体环境压力不同，液面就不会处在等高的位置。有些情况下这种压力的不同是不可避免的，这个时候在每个传感器上必须有测量压力和压力补偿装置，但是就本系统的应用环境来讲，和其他绝大部分静力水准系统一样，压力的变化只是偶然的、短期的，比如在对撞机隧道中，引起压力变化的可能有：隧道安全门的开启和闭合、人员的快速走动等短暂的情况。为了使系统在这些情况下不受影响，本系统采取的措施是用连通气管将相邻的钵体连接起来，形成一个等压环境。

5.2.2 不同测量点的温度不同的因素

正如第2章讨论的那样，如果整个系统的温度同时变化，而且变化的幅度相同，对系统的相对液面高度是不会产生影响的。但是如果温度的变化不均匀，液体受到温度变化的影响热胀冷缩，液体的密度在系统不同而部位不同引起体积的变化，液面之间的高度差就会发生变化。对于水来说，在20 ℃的时候，1 cm的水深，温度每变化1 ℃将会产生2 μm液面高度的变化。这个量级是很大的，所以必须消除这个因素带来的影响。本系统在每个传感器上安装了温度传感器，实时测量钵体中液体温度的变化，其精度为±0.01 ℃。

另外，在系统中尽量采用低热导率的连接管，钵体和其安装部件的接触部位尽量使用热传导率低的连接零件，以尽量保持系统有比较大的热惯性。同时对钵体本身又要采用不锈钢等热传导率相对比较高的材料，使温度能在钵体本身尽快得到平衡和一致。

5.2.3　液体的选择

系统中液体的选择主要考虑以下几个因素：① 温度体膨胀系数相对较小；② 在一定的工作温度范围内性质稳定，物理参数可知；③ 较便宜和容易获取。在本系统中选用去离子水作为工作液体。选择去离子水还有一个好处是不会在钵体内壁和浮子表面产生矿物质沉积。

5.2.4　气泡的影响

假如在系统的液体中有气泡存在，气体受温度变化所产生的体积变化远大于液体所产生的变化，更为严重的是，若水管中有气泡存在会改变液体的流动状态，对系统的可靠性有极严重的影响。所以在系统的安装和注入液体的过程中要避免气泡的产生，如果有气泡产生要通过震动等办法使气泡排出。

5.3　钵体的设计

图5.5是HLS传感器钵体的截面图。钵体采用不锈钢，侧面焊接有四个连接头。下面两个接头（图中的2和4）是用来连接液体管的，上面的两个接头连接气管。连接液体管的接头内径选择为大于14 mm，小于19 mm，一方面是为了便于液体的顺畅流动，同时又使系统中的液体稳定时间更短，所选用的液体软管的内径和这些接头相匹配。

考虑到本系统在有比较强的电离辐射的电子加速器环境中长期工作，该系统的钵体不锈钢材料、水管材料、电缆护套都必须具有一定的抗辐射能力。

钵体的液体接头中有一个具有一定的倾斜度（图5.5中2），是为了在注入液体的时候管道里产生的气泡更容易排出。

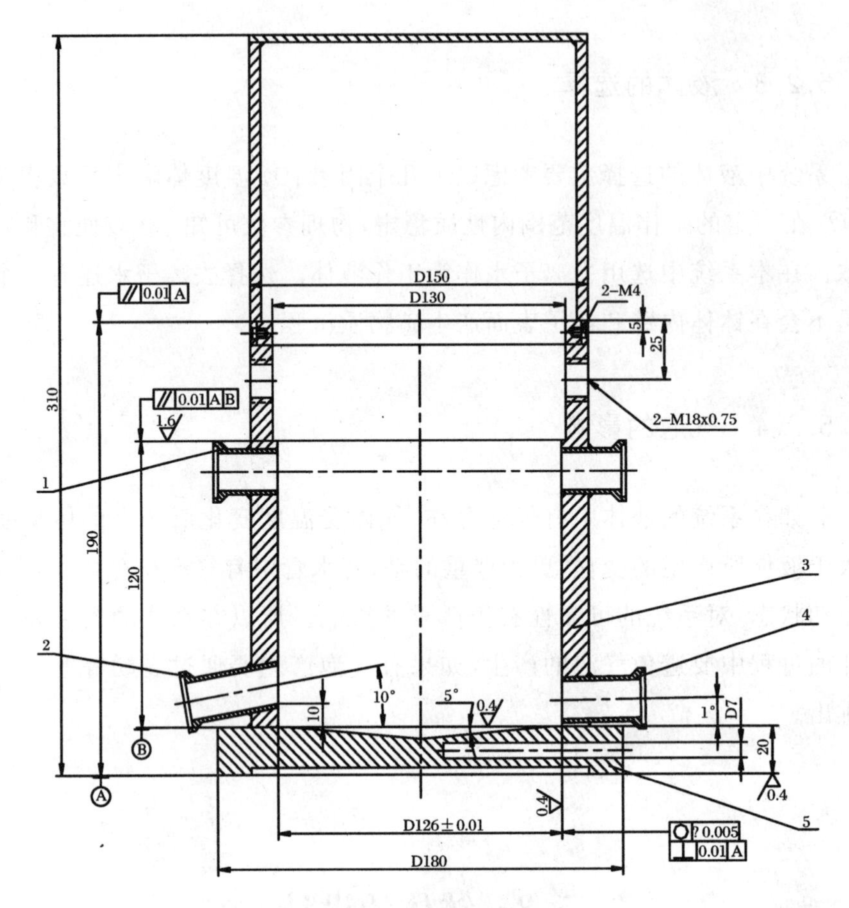

图 5.5 HLS 钵体截面图

钵体底板上的水平孔是为放置温度传感器而加工的，为了使温度传感器尽可能地接近液体，较快地反映液体温度的变化，钵体内部的底板上做了一个锥面，尽量使液体靠近传感器的探头。

气管接头连接气管，使相邻钵体之间的压力相同，避免压力不同而产生测量误差。

传感器的光学系统、CCD 器件及其驱动电路、电源电路等都放在钵体上部，以中部的挡板作支撑，并用盖子作保护。挡板上端附近的两个通孔是电缆、信号线接拨口的连接部位。钵体外观实物照片见图 5.6(a)，钵体上端内部的装配实物照片见图 5.6(b)。

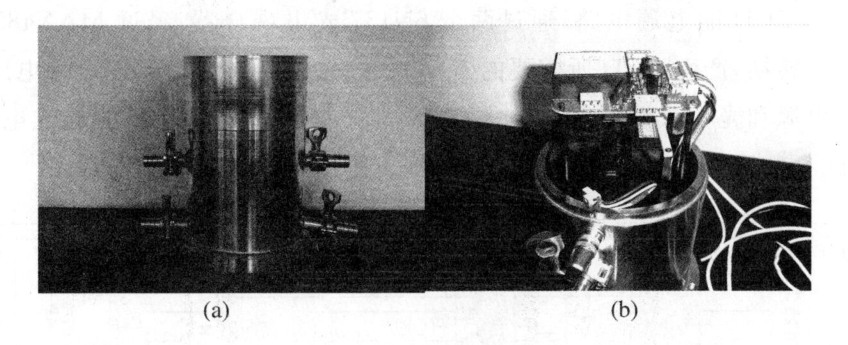

(a)　　(b)

图 5.6　钵体实物照片

5.4　CCD 光路及驱动电路的设计

电荷耦合器件(Charge Coupled Devices, 简称 CCD)是一种摄像器件,也是一种集成电路,通过 CCD 可以实现光电转换、信号储存、转移、传输、输出、处理以及电子快门等许多功能。CCD 体积小、重量轻、功耗低、可靠性高和寿命长;CCD 的光电灵敏度也很高,输出形式可以是模拟量也可以是数字量;CCD 的分辨率也非常高。正因为这些特点,CCD 在传感器应用方面取得令人瞩目的发展,成为现代测试技术中最为活跃的新兴技术之一。

按照结构不同,CCD 可以分为线阵和面阵两大类,在测量领域一般采用线阵 CCD。不同型号的 CCD 器件具有不同的外型结构和驱动时序,所以要根据具体情况选用 CCD 的配置,选择或者设计驱动电路。

本系统选用东芝(TOSHIBA)公司的 TCD2901D 型线性 CCD 器件。该 CCD 的像元数是 10 550,分辨率为 4 μm,为二相线阵器件。这种型号的 CCD 实际上有三条分别对红色光、绿色光和蓝色光的滤色器,但是本系统只使用其中的红色光滤色器。该 CCD 由 12 V 直流电源供电,时序驱动电压是 5 V;它的工作温度是 0 ℃～60 ℃,信号储存温度为 - 25 ℃～85 ℃。

TD2901 的驱动电路如图 5.7 所示。上面的部分是数据的采集电路,用一个 89C2051 单片机作为控制的核心,X5045 为复位开关,右上角为一个比较电路,对 CCD 产生的电信号进行比较,向存储设备输出测量信号;下部分是 CCD 的电源电路，通过两个 6N137 光电耦合器，经过 MAX485 进行电平转换，产生 CCD 所需要的工作电压。在本系统中，CCD 驱动电路的工作电源和光学系统所需的电源电路合为一体，外接 220 V 的标准电网，CCD 本身的电源电路悬挂。

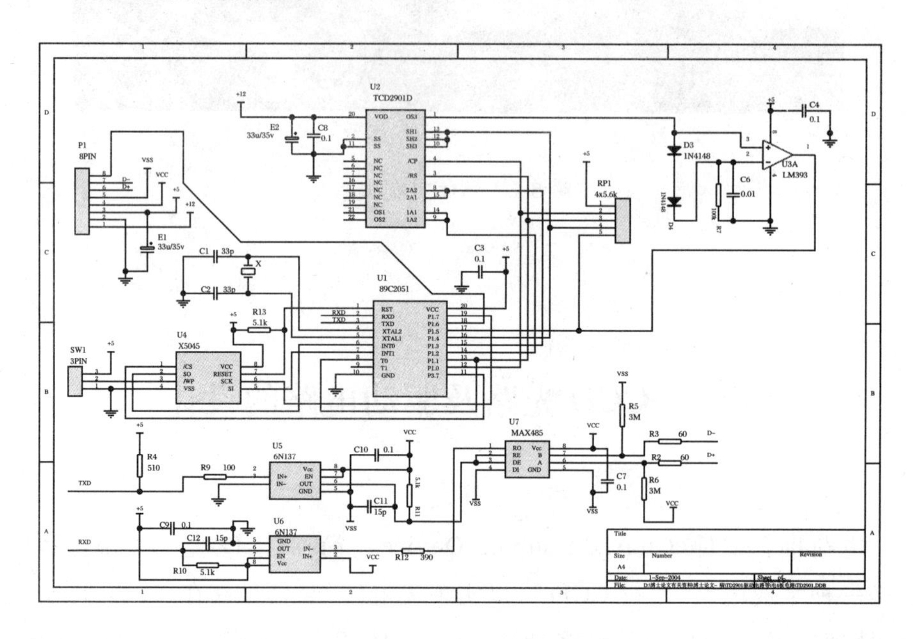

图 5.7 TD2901 驱动电路图

图 5.8 的两张照片显示的是：(a) CCD 接受器窗口；(b) CCD 驱动电路；驱动电路和 CCD 器件装配在一个塑料盒体中。

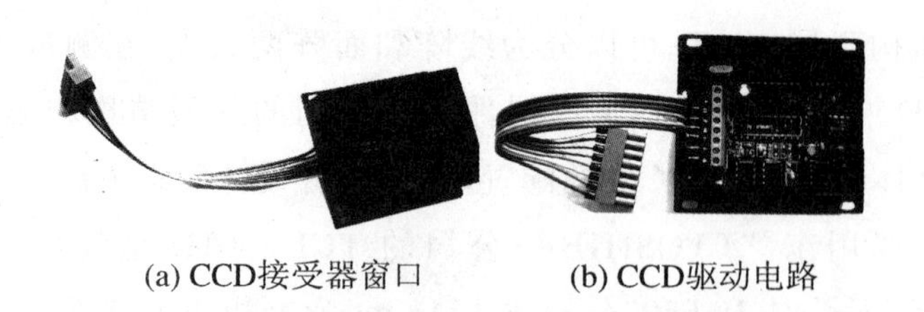

(a) CCD接受器窗口　　(b) CCD驱动电路

图 5.8 CCD 及其驱动电路照片

点光源发出的光束经过透镜转换为平行光束，垂直照射在 CCD 的光接受器窗口。标志物置于光路中，经过平行光的照射，产生的阴影投射到 CCD 接受面上，被 CCD 识别、处理、量化，由 CCD 输出与标志物位置相对应的数据信号。

标志物通过连接杆和浮子相连。点光源采用发光二极管，其性能稳定，能够长期不间断地工作。点光源应该置于透镜的焦点处，但是为了减小体积，采用了一个平面镜作为反射镜。点光源经过一次反射，投射到透镜上，点光源在平面镜上的像点正好落在透镜的焦点上。透镜面也要足够大，以保证出射的平行光充分覆盖CCD的光接受窗口，所以我们选用直径为50 mm的圆形透镜，在透镜中心两边各剪裁掉一个弓形，而保留中间一部分，既减小了棱镜箱的体积，又保证了出射平行光的范围。光学系统示意图见图5.9。

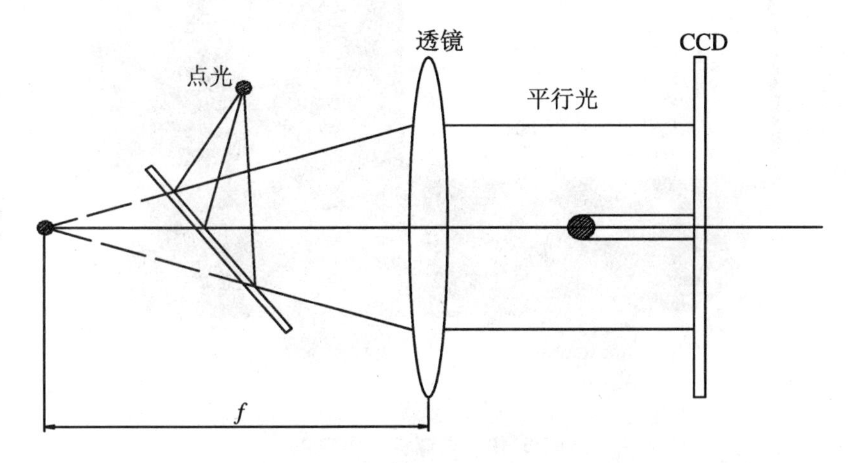

图5.9　直接投影成像测量原理

5.5　电源的设计

考虑到使用的方便，传感器用220 V电压供电，经过电源电路转换成一路12 V电压和一路5 V电压的电源，为光源、CCD驱动电路供电以及温度传感器提供电源。图5.10显示的是电源板的实物照片。

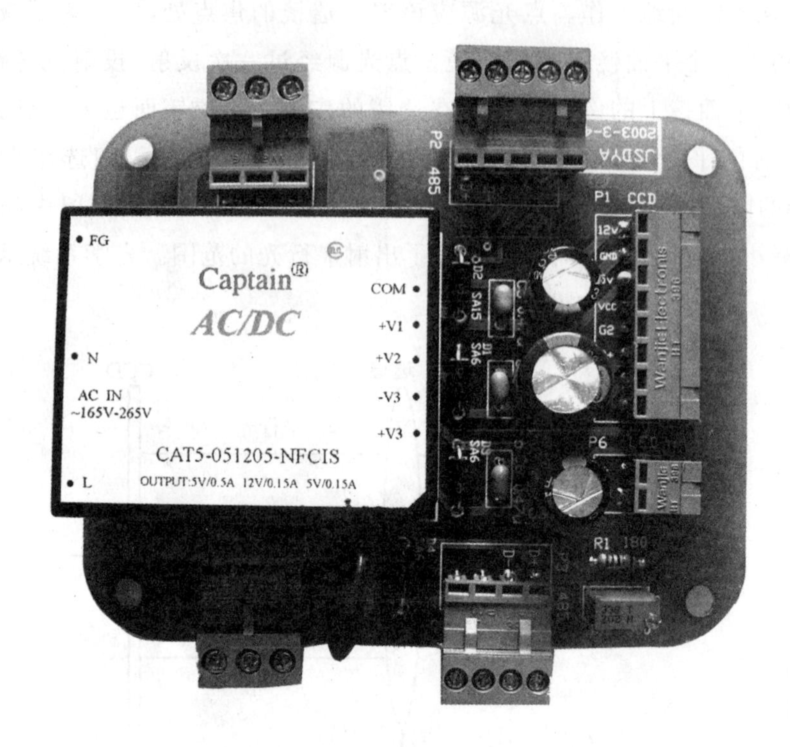

图 5.10 电源板实物照片

5.6 浮子、弹簧的设计

浮子单元直接和液面接触，跟踪和反映液位的变化，为了保证传感器的一致性，采用专用模具，用热膨胀系数小的塑料制造。浮子上端和连接杆相连接，连接杆上端的标志物的上下移动反映浮子随液位变化而变化的高度量，所以连接杆要保持垂直。本系统采用对称的螺线函数弹簧片，弹簧片用铍青铜材料。弹簧片能够使连接杆保持垂直对中位置，而在连接杆的轴向受力非常小，不影响浮子带动连接杆和标志物的上下自由活动。

5.7　其他因素的考虑

5.7.1　液体的蒸发和冷凝

液体在常温下会产生蒸发，环境温度、湿度不同，液体的蒸发量变化很大，根据经验，在北京秋天正常环境下，钵体的液体蒸发量每天在 20～30 μm，如果系统各个钵体的蒸发量是均匀和相等的，对系统的测量精度和结果不会产生影响，但是如果不均匀，则这个蒸发量将严重影响测量的精度和结果，另外在系统长期工作过程中，尤其在机器运行很长时间，人员不能进入现场检查和给系统补充液体的情况下，系统可能会由于液体不断蒸发，使水位低于工作范围，而不能保持正常，所以必须采取措施减少蒸发，本系统采取的措施是，在液体表面注入一定量的硅油，覆盖在水表面上，防止液体的蒸发，其蒸发量减少到加硅油前的十分之一。

钵体中的水蒸汽如果遇到温度较低的元器件，将在其表面发生凝结，即冷凝现象，如果在 CCD 接受表面发生凝结，光信号不能被准确读取，甚至被完全遮挡，将严重影响测量精度，所以系统在开始工作前要使钵体和环境温度平衡。对于本系统，由于 CCD 的驱动电路就安装在 CCD 接受表面附近，它产生的热量使 CCD 接受表面温度略高于其他器件，正好可以防止冷凝现象的发生。

5.7.2　液体的除菌

系统在长期的工作中容易在水管和钵体中产生细菌和藻类生物，本系统采取在液体中加入适量的甲醛，一般一升水加入一滴这样的防菌剂。

5.7.3 液面的半月形、球面形和水面波动的影响

容器里的液体由于与容器壁的浸润和不浸润作用而容易形成弯月面，这是液体和容器壁之间的附着力引起的，另外，液体表面分子间的吸引力产生的表面张力还会使液面成球面形，这些液面表面形态的变化都将改变浮子的位置，对测量结果产生不良影响，为了消除这些现象，本系统在液体中加入一定量的扩散剂。通过观察，此举能比较好地解决液体表面形状的变化。

5.7.4 气管的堵塞

气管是为了保持各个钵体中液体表面上气压一致，如果有操作不当，或者一些测点的大幅度下降而超过测量量程，使液体进入气体管道，就会使气管堵塞。所以要经常检查气管的畅通，可以用吹气的办法简单处理。

第6章　信号的采集和处理

在前一章介绍的系统中，每个钵体由220 V的交流电源供电，输出的信号为CCD传感器输出的数字信号，以及由温度传感器输出的经过模数(A/D)转换后的数字信号，这些输出信号经过RS485接口4芯双绞通讯线与数据采集仪连接。数据采集仪具有时钟、发出采集脉冲、数据储存等功能。每个钵体传感器都有写在其内部单片机上的一个固定的地址编码，数据采集仪根据设置，按一定的时钟脉冲分别对不同地址的钵体采集数据。数据采集仪还可以和计算机通过RS485接口连接，计算机上安装专用软件，可以实现对数据采集仪上的数据进行读取，也可以通过计算机设置数据采集仪的工作状态，包括采集模式、采集频率、数据格式等。计算机读取数据后通过专用数据处理软件对数据进行处理、分析和储存。

6.1　数据采集系统总体框图

钵体、电源、数据采集仪和计算机所组成的静力水准测量系统的连接框图如图6.1所示。

在图中可以看出，数据采集器通过RS485接口，既可以直接和计算机连接实现工作状态的设置、数据的读取和删除，以及通过这台计算机和数据存储设备与打印机连接，进行数据的处理，也可以连接到调制解调器，通过程控电话网和计算机连接，实现数据的处理。这种远程的连接解决了由于系统工作环境的约束使人员不能到达现场，或者系统工作场所不方便经常到达的时候对系统的操控问题。

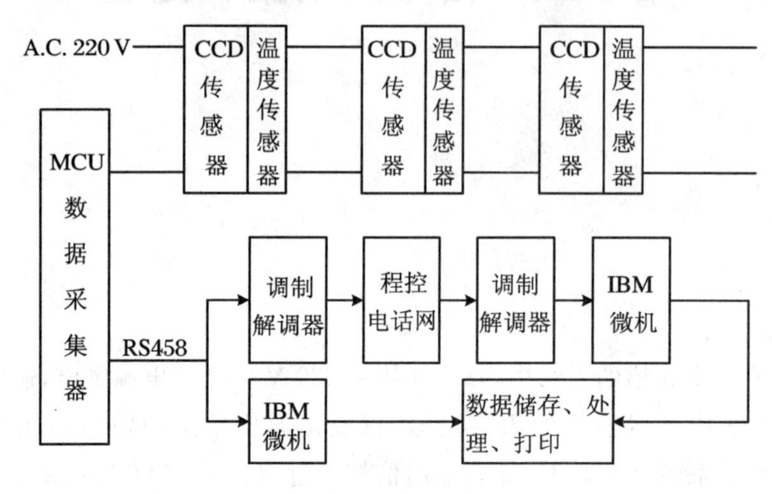

图 6.1 系统连接框图

6.2 提高 CCD 数据采集分辨率的几种方法

在第 5 章的传感器设计中已经说明，本系统采用的 CCD 的分辨率是 4 μm，而我们要求的钵体传感器的测量灵敏度要小于 2 μm，这样才能保证钵体单点测量精度达到 10 μm 的技术要求。

光学系统把被测对象成像在 CCD 的光敏面上，由于被测物体与背景的光强变化十分明显，反映在 CCD 视频信号中所对应的图像尺寸边界处会有明显的电平急剧变化。把 CCD 视频信号中图像尺寸部分与背景部分分离成二值电平的过程，叫 CCD 信号的二值化处理。二值化有两种处理方法，第一种是对 CCD 视频信号进行二值化处理后，再进行数据采集，这种方法是利用硬件实现的，速度快，但是电路复杂；第二种方法是对 CCD 视频信号直接采样后，再由计算机对所得到的数据做二值化处理，主要是依靠软件完成的，故硬件电路简单，但是处理速度较慢。

用硬件完成的二值化处理电路主要是电压比较器。在设定比较器的阈值电平后，视频信号电平高于阈值电平的部分输出高电平，而低于阈值电平的部分输出低电平，这样在比较器的输出端就得到只有高低两种电平的二值化信号。

正是由于 CCD 像元之间有一定的距离，测量的精度受到 CCD 器件空间分辨能力的限制，在像元的两个边缘位置不能准确确定的情况下，每边都有一个以上的像元距离的分辨误差。要提高 CCD 的测量精度，必须找到代表真正边界的特征点，再依照这个特征点进行二值化。

第一类提高 CCD 测量精度的方法是由 Purll D.C. 等人提出来的，就是用更高频率的时钟脉冲通过二值化信号的宽度进行计数，可以将 CCD 测量精度提高近一个量级。

正是由于图像边界在 CCD 视频信号里存在过渡区，如何确定真实边界，选取正确的阈值是影响测量精度的重要因素之一，最有效的方法是“微分法”。图 6.2 是微分法的原理框图，图 6.3 是电路的工作波形。

图 6.2　边界特征提取微分法原理框图

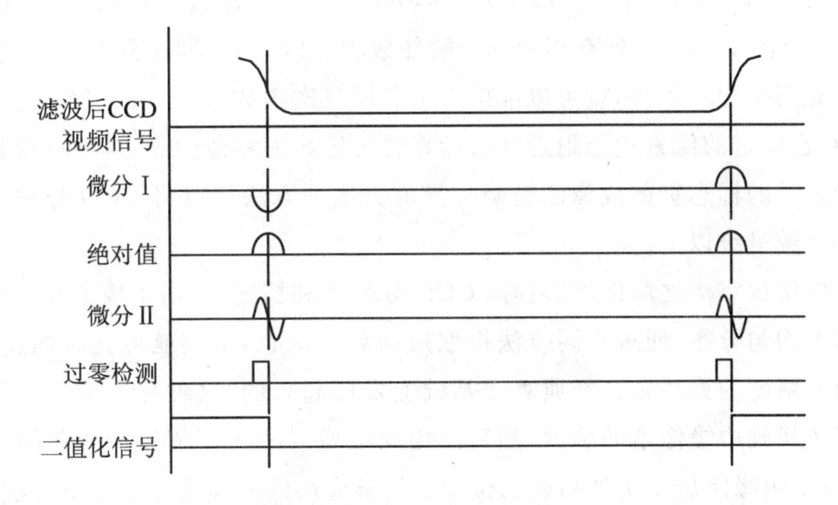

图 6.3　微分法电路工作波形

CCD 视频输出的由离散脉冲组成的调制信号经过低通滤波后变成连

续信号，再经过微分Ⅰ运算电路后，输出视频信号的变化率特征，信号电压的最大值对应视频信号边界过渡区的变化率最大点；经过绝对值电路将微分Ⅰ电路输出的信号变成同极性电压；信号的最大值对应边界特征点，通过微分Ⅱ后，获得对应绝对值最大值处的过零信号，在通过零触发电路后，电路输出两个过零脉冲信号，这两个过零脉冲信号就是视频信号边界的特征信息，计算这两个脉冲的间隔，就可以获得图像的二值化宽度。通过对经过以上处理的信号进行高频信号处理，送往计数器进行计数，就能够提高测量精度。

上面提高 CCD 测量精度的方法是在 CCD 视频输出后增加一些电路来实现的，还有一种增加系统元件的办法也可以提高 CCD 的测量精度，即使用所谓的模糊成像法原理。具体做法是在透镜组中加一个大小合适的孔径光阑，物体的清晰边缘经 CCD 成像后模糊化，再利用光阑的尺寸、透镜的焦距等已知条件对测量结果进行拟合，以获取被测物体的准确边缘信息。

另一类提高 CCD 测量精度的方法可以概括为数字方法，包括最小二乘法和多项式插值法，其目的就是细分像素。

以三次样条插值法为例，假设在第 i 到第 $i+1$ 个像素之间定义一个三次曲线

$$R_i(x) = a_{i3}x^3 + a_{i2}x^2 + a_{ix}x + a_{i0}, \quad x \in [x_i, x_{i+1}] \tag{6.1}$$

曲线 $R_i(x)$ 满足 $R_i(i)=H(i)$，$R_i(i+1)=H(i+1)$，且 $R_i(x)$ 与 $R_{i+1}(x)$ 在 $x=i+1$ 处有相同的一阶导数和二阶导数，即达到曲线连续，通过补充两个边界条件，就可以准确得出分段三次函数 $R_i(x)$；在数字处理过程中，在确定的像素边缘附近区域计算二阶导数为零值的点，这些点就是细化像素后的标志物的成像的精确边界值。这种方法可以将 CCD 分辨率提高一个数量级以上。

应用数字法之所以能够提高 CCD 分辨率和精度，是由于像素的边缘灰度值不均匀分布，通过不同方法提取边缘数据信息，得到亚像元级的精度。亚像元精度的算法是在经典算法基础上发展起来的，这种算法需要先用经典算法找到边缘像素的位置，然后使用周围像素的灰度值作为判断的补充信息，使边缘定位于更加精确的位置。最早应用的亚像素算法是重心法，后来又发展了应用不同原理的其他亚像素提取算法，比如有概率论法、解调测量法、多项式插值法、滤波重建法和矩阵法等。总之，CCD 的测量精度受到

像素分辨率的限制，但是通过以上不同的方法都可以提高整体的测量精度和分辨率，一般来说，将分辨率提高一个量级对目前的技术和算法来说是不成问题的。

在本书中讨论的传感器，通过数字法使CCD的分辨率起码提高了4倍，即达到1 μm的分辨率，在下一章的CCD标定和测试中获得的数据验证了这个结果。

另外，在实际测量中采用多次采数，即在一秒钟时间内读取数十次CCD的数据，取其平均值作为测量结果输出。这样做的好处是避免由于偶然一次的粗大误差影响测量的结果。

6.3　系统的数据采集、储存和传输

系统中数据的采集包括三个部分，第一部分是每个CCD的测量数据的采集和存储；第二个部分是整个系统的数据采集和存储，实现这个任务的硬件叫系统数据采集仪，它还担当系统脱离计算机直接控制后的系统的自动测量和控制任务；第三部分是计算机从数据采集仪中读出其存储器中的数据，计算机通过特定的软件还可以设置数据采集仪在脱机状态下的工作模式。

第一部分的单个CCD的数据采集是一种同步型数据采集模式。其硬件部分由A/D转换器、静态存储器、数据总线、接口电路及A/D启动、数据读写控制电路组成。整个数据采集工作均在驱动器的时钟脉冲统一支配下同步工作。数据的读出是在软件控制下一个字节一个字节写入系统的数据采集存储器或者计算机的内存的。通过软件可以设定细分像素的算法，在本书讨论的系统中输出的测量数据是一秒内的30次CCD读数的平均值，这样得到的输出测量数据一方面避免了系统由于偶然的不稳定而出现的粗大误差读数(如果在取数过程中系统都不稳定而得到的是误差很大的读数，通过比较前后的数据，也可以在数据处理时去除)，另一方面也有细分像素的作用。其原理如图6.4。

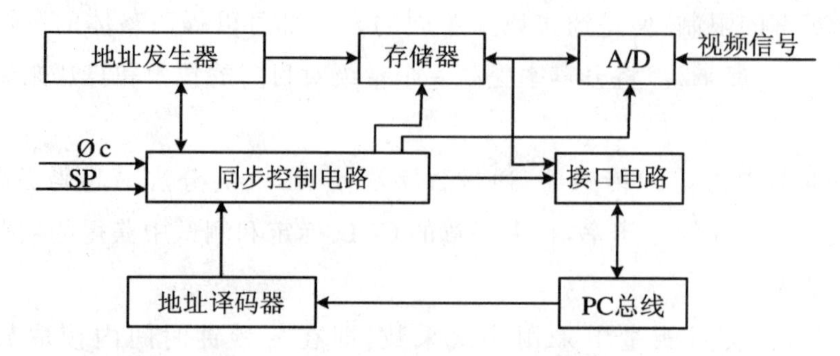

图 6.4 线阵 CCD 的数据采集原理图

第二部分的整个测量系统的数据采集由数据采集仪执行，它有独立的电源电路，外接 220 V 电网，图 6.5 是数据采集仪的工作原理图。

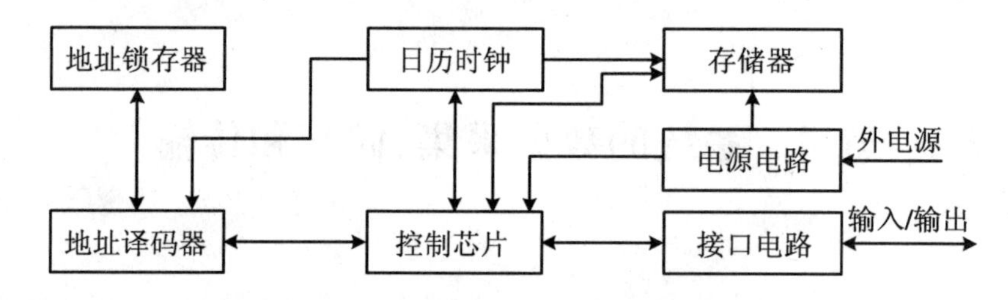

图 6.5 数据采集仪的工作原理图

通过接口电路由计算机输入设定采集仪的工作模式，由控制芯片按照输入的模式控制日历和时钟芯片，在规定的时间点上开始采集、存储或者输出数据，地址译码器可以对系统中不同的传感器进行标识，并把地址数据和对应的数据关联存储到存储器中。当采集仪收到数据输出命令时，由控制芯片控制按照一定格式经过接口电路输出数据。

数据采集的第三部分任务是由计算机完成的。计算机通过专用软件，可以设定数据采集仪的工作模式和状态，比如可以设定数据采集的时间间隔，可以从 5 分钟到 24 小时不等；可以设定采集数据的传感器的数量和相应的地址；计算机通过专用软件还可以进行从数据采集仪上或者传感器上(传感器的输入/输出接口要和计算机相连)采集数据。通过数据处理软件可以对采集到的数据进行分析，画出图表等。

6.4 软件的功能

数据采集仪的工作模式和状态是由计算机通过专用软件设置的，这个软件还要能够控制数据的输出和输入，对数据进行处理，得到各个传感器的测量数据和对应的测量点位置变化情况，能够给出直观的图表形式反映各个测量点的变化状态。

在本实例中用 Visual Basic 语言设计了一套软件，能够满足上述的要求。图 6.6 是软件的流程框图。运行软件后，首先要设置测量的工程项目，这套软件可以同时设置多个工程项目，也即不同的测量系统可以同时由软件控制和进行数据处理。设立项目后，要设置仪器的参数，包括不同传感器的数目和地址等；然后设置项目的参数，包括仪器的输出数据位数等参数，再设置数据库的结构，包括数据的顺序等。还要设置通讯参数，包括用计算机直接控制或是用宽带网或是城市电话线通讯，它们与计算机的通讯接口的地址等参数。如果是用计算机直接控制测量，叫在线测量，这时可以很快得到测量数据，能够实时显示测量数据和进行计算等，数据也可以保存到指定的文件中。如果通过软件设置数据采集仪工作，要设置数据采集仪的工作参数，包括日历和时钟的设置、采集数据的时间间隔等。采集仪正常工作后，可以随时用计算机读取保存在采集仪里的数据。这些数据存放在指定路径的文件中，软件还提供操作人员对已经采集和保存的数据进行筛选，删除一些明显错误的数据，然后进行计算。计算所应用的公式可以事先输入到软件指定的位置。计算完成后的数据输出，可以选择显示或打印原始测量数据、计算所得到的结果数据等，这些数据都将被保存在指定的文件中，以备进一步分析。数据库通常用 EXCEL 的通用格式保存数据，便于用其他数据处理软件进行数据分析。

软件的人机界面要求友好和直观，各种参数的输入都有提示，除了在设立新的测量工程项目的时候需要输入一些参数外，后续的常规测量不需要再进行设置，只需要按照需要点击相应的桌面上的图标就可以完成工作。

另外，软件还可以根据需要设置阈值报警功能，当某些测点变形超过一定范围值时，系统将自动报警。

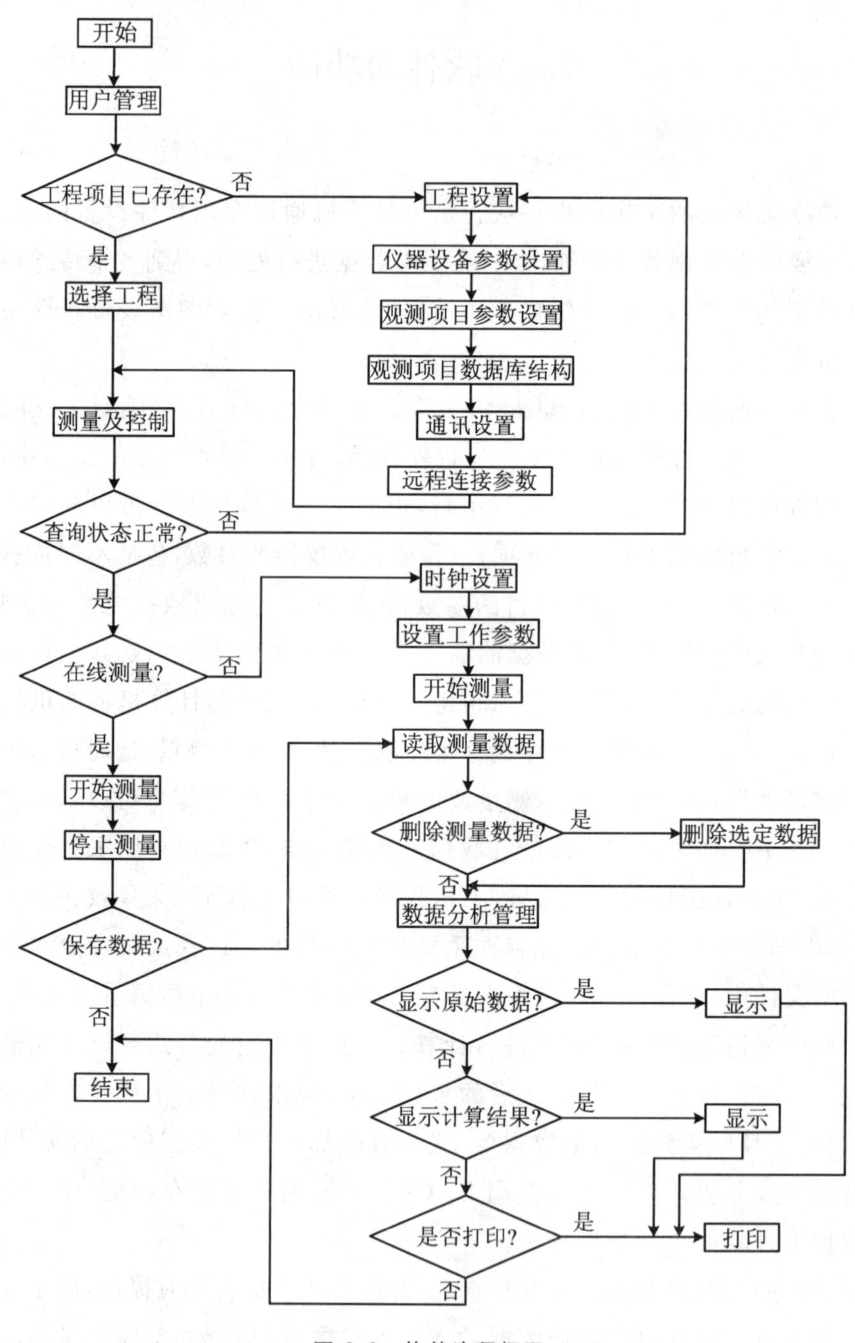

图 6.6 软件流程框图

第7章　传感器的标定和线性拟合

7.1　传感器中CCD的标定和线性拟合

在讨论的HLS系统中,CCD是传感器中主要的测量部件,它的精度直接影响传感器的测量精度,尽管传感器的精度还要取决于诸如钵体结构、各个零部件的材料等因素,但是CCD是直接取得测量数据的测量元件,所以必须首先对CCD的测量性能加以考察。通过对每个CCD进行标定,来考察它们的分辨率、精度、线性度以及对应的拟合公式。

7.1.1　标定方法

CCD标定机构的示意图见图7.1。用HP公司生产的5528A型双频激光干涉仪作为标定基准,在一个光学平台上固定激光干涉镜、精密平移平台以及固定CCD接收窗口及光源盒的支架。激光反射镜固定在精密平移平台上,用于测量的标志杆通过连接杆固定在平移平台上。这样当调节移动平移平台的时候,将带动反射镜和标志物做相同的平移。保持激光光束、反射镜、连接杆及它带动的标志物在一个轴线上,避免了可能产生的阿贝误差。实物照片见图7.2。

精密平移平台可以以步长很小的距离移动,双频激光干涉仪可以精确地显示十分之一微米量级的读数,CCD的测量输出信号直接通过计算机

232 接口，运用专门的软件和笔记本电脑连接，并实时记录读数。通过比较 CCD 的读数和双频激光干涉仪的读数，以标定 CCD 的精度和分辨率。

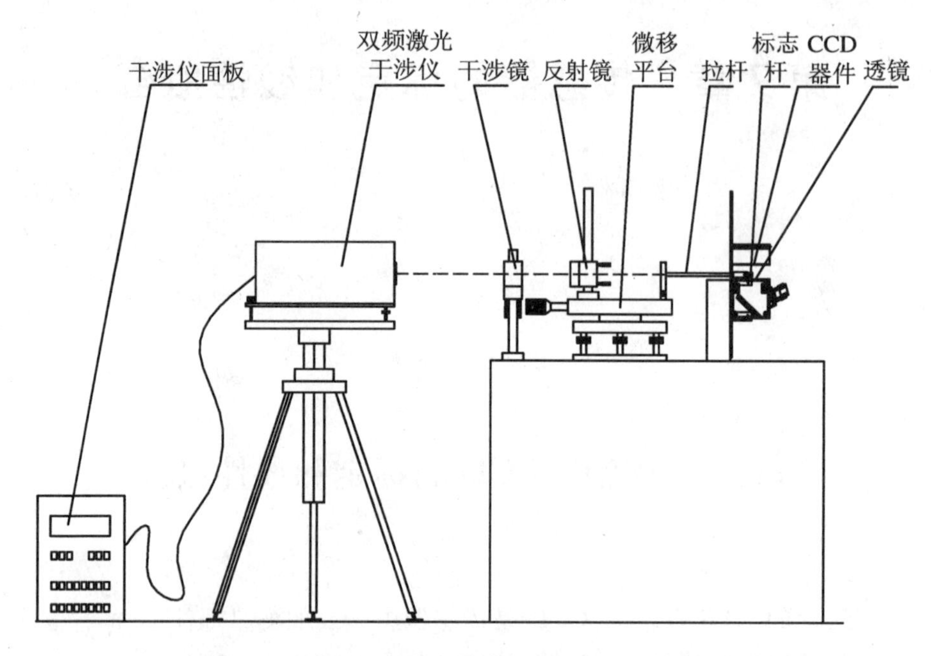

图 7.1 CCD 标定系统示意图

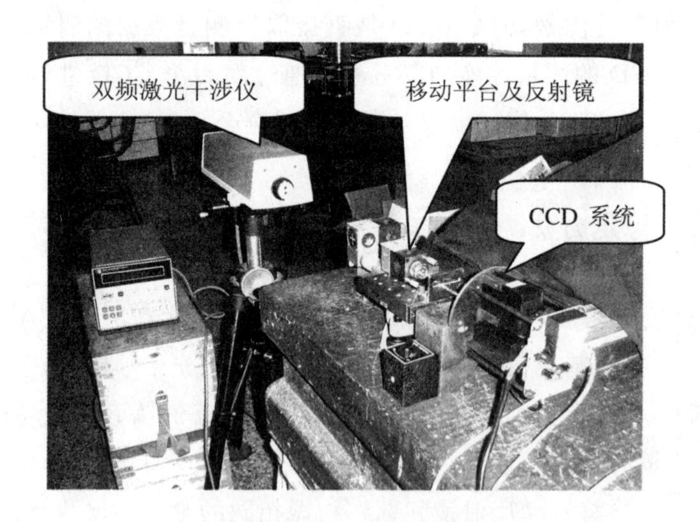

图 7.2 CCD 标定系统实物照片

7.1.2 标定步骤和结果分析

尽管CCD是标准的电子元件，但是还是存在其个体的差异性，尤其对高精度测量来说，考察这些差异性，并对此做些合适的补偿是必要的。

将十个CCD编号，分别进行标定。将CCD固定在一个稳定平台上，相当于浮体部分固定在可移动平台上，CCD线路连接好，使其能正常取数，在可移动平台上同时安装激光干涉仪的反射镜。架设干涉仪的干涉镜和仪器，用干涉仪读数与CCD相对比，进行标定，得到CCD的精度和线性度；根据干涉仪的最小反应读数能得到CCD的分辨率，并根据标定的数据，确定每个CCD的线性拟合方程。

首先，标定CCD在工作范围内的线性度，以及确定其线性拟合方程，检查拟合后的中误差是否符合要求。传感器的设计测量范围是±5 mm，考虑到留有一定的余量，标定每个传感器中心位置的±6 mm范围。在此标定范围内进行一个往返测程的标定，通过旋转平移平台调节杆，进行大约0.5 mm步长标定，步长由双频激光干涉仪确定，读出相应的CCD读数，以HP双频激光干涉仪的读数为 Y 轴(步长)，以CCD输出读数为 X 轴，用ORIGIN数据分析软件画图、求出拟合公式，并得到标准差。

其次，为了考查CCD的灵敏度和分辨率，在每个CCD标定范围中选取1 mm，进行0.002 mm步长的标定；检查CCD的输出读数是不是能够反映到0.002 mm的最小读数。前面提到，有多种方法可以提高CCD的分辨率，这里使用的是采用多次读数的平均值作为一次读数输出的办法，CCD的分辨率由0.004 mm提高到0.002 mm。

表7.1显示的是一号CCD的线性度及拟合标定数据，其中“HP”一栏代表双频激光干涉仪的读数，“No.1”代表CCD的输出读数。

表7.1 一号CCD的拟合数据

日期	时间	HP	No.1	日期	时间	HP	No.1
2004-6-23	14:48:00	0.000 5	15.683	2004-6-23	15:17:40	12.499 6	28.435
2004-6-23	14:49:30	0.500 4	16.196	2004-6-23	15:18:30	12.000 1	27.924
2004-6-23	14:50:20	1.000 6	16.711	2004-6-23	15:19:20	11.500 5	27.416

续表

日期	时间	HP	No.1	日期	时间	HP	No.1
2004-6-23	14:51:20	1.500 0	17.216	2004-6-23	15:20:20	11.001 0	26.910
2004-6-23	14:52:20	2.000 8	17.724	2004-6-23	15:21:10	10.500 4	26.396
2004-6-23	14:53:10	2.500 4	18.232	2004-6-23	15:22:20	10.000 4	25.887
2004-6-23	14:55:50	3.000 0	18.744	2004-6-23	15:23:20	9.499 8	25.376
2004-6-23	14:57:50	3.500 8	19.255	2004-6-23	15:24:00	8.999 4	24.868
2004-6-23	14:58:50	4.000 4	19.764	2004-6-23	15:24:50	8.499 7	24.356
2004-6-23	14:59:40	4.500 5	20.276	2004-6-23	15:25:30	8.000 6	23.845
2004-6-23	15:00:50	5.000 8	20.786	2004-6-23	15:26:10	7.499 5	23.336
2004-6-23	15:01:40	5.500 0	21.296	2004-6-23	15:27:20	7.000 3	22.824
2004-6-23	15:02:50	6.000 7	21.808	2004-6-23	15:28:00	6.500 4	22.316
2004-6-23	15:04:00	6.500 4	22.316	2004-6-23	15:28:50	5.999 5	21.807
2004-6-23	15:05:00	7.000 0	22.824	2004-6-23	15:30:00	5.499 7	21.298
2004-6-23	15:05:50	7.500 8	23.336	2004-6-23	15:30:50	4.999 8	20.784
2004-6-23	15:06:50	8.001 2	23.847	2004-6-23	15:31:50	4.500 7	20.276
2004-6-23	15:07:50	8.500 2	24.356	2004-6-23	15:32:30	4.000 5	19.764
2004-6-23	15:09:00	8.999 8	24.868	2004-6-23	15:33:20	3.500 4	19.255
2004-6-23	15:10:10	9.500 3	25.376	2004-6-23	15:34:00	2.999 6	18.744
2004-6-23	15:11:20	10.000 2	25.886	2004-6-23	15:34:50	2.500 2	18.232
2004-6-23	15:12:10	10.500 0	26.396	2004-6-23	15:35:30	1.999 5	17.723
2004-6-23	15:13:10	11.001 3	26.910	2004-6-23	15:36:10	1.499 8	17.216
2004-6-23	15:14:10	11.500 8	27.416	2004-6-23	15:37:10	0.999 4	16.709
2004-6-23	15:15:20	12.000 0	27.924	2004-6-23	15:38:10	0.499 8	16.196
2004-6-23	15:16:30	12.501 1	28.436	2004-6-23	15:39:00	0.000 6	15.683

一号 CCD 的拟合曲线见图 7.3。

由标定数据分析，可得到一号线性拟合方程为

$$Y = -15.684\,76 + 1.020\,11X \tag{7.1}$$

并且得到一号 CCD 拟合的中误差为：$\sigma_1 = \pm 0.001\,87$ mm。

通过同样的方法可以得到其他 CCD 的标定数据、线性拟合曲线和拟合

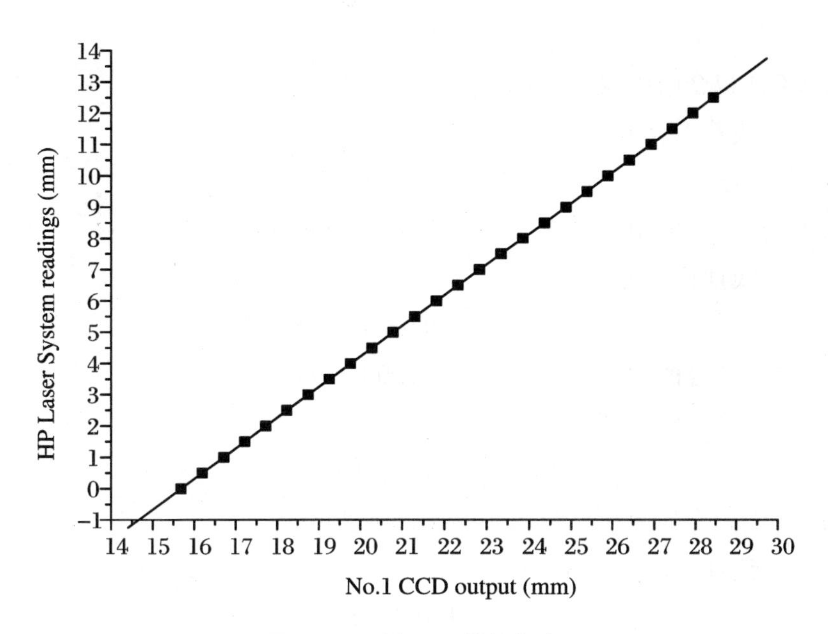

图 7.3　一号 CCD 线性拟合

线性公式，也分别得到了它们的拟合标准中误差。由于 CCD 器件的特点，即同一块 CCD 线性很均匀，所以在其他 CCD 的标定中步长取为 1 mm，通过一些实验，也证明取 1 mm 步长和取 0.5 mm 步长得到的拟合结果是一致的。

二号线性拟合方程为

$$Y = -15.3947 + 0.97787X \tag{7.2}$$

二号 CCD 拟合的中误差为：$\sigma_2 = \pm 0.00571$ mm。

三号线性拟合方程为

$$Y = -15.45549 + 0.97626X \tag{7.3}$$

三号 CCD 拟合的中误差为：$\sigma_3 = \pm 0.00626$ mm。

四号线性拟合方程为

$$Y = -15.48213 + 0.98107X \tag{7.4}$$

四号 CCD 拟合的中误差为：$\sigma_4 = \pm 0.00264$ mm。

五号线性拟合方程为

$$Y = -15.3599 + 0.97066X \tag{7.5}$$

五号 CCD 拟合的中误差为：$\sigma_5 = \pm 0.00466$ mm。

六号线性拟合方程为

$$Y = -15.33545 + 0.97494X \tag{7.6}$$

六号 CCD 拟合的中误差为：$\sigma_6 = \pm 0.00147$ mm。

七号线性拟合方程为

$$Y = -15.80117 + 1.01556X \tag{7.7}$$

七号 CCD 拟合的中误差为：$\sigma_7 = \pm 0.00074$ mm。

八号线性拟合方程为

$$Y = -15.64098 + 0.98009X \tag{7.8}$$

八号 CCD 拟合的中误差为：$\sigma_8 = \pm 0.00321$ mm。

九号线性拟合方程为：

$$Y = -15.38842 + 0.9789X \tag{7.9}$$

九号 CCD 拟合的中误差为：$\sigma_9 = \pm 0.0098$ mm。

十号线性拟合方程为

$$Y = -15.1107 + 0.96389X \tag{7.10}$$

十号 CCD 拟合的中误差为：$\sigma_{10} = \pm 0.00968$ mm。

分辨率的实验，是在比较小的范围内以很小的步长移动标志物，考察 CCD 的输出读数反映的最小读数。以一号 CCD 为例，表 7.2 显示的是以大约 0.001 mm 为步长对一号 CCD 的测试。

表 7.2 一号 CCD 的分辨率考察（单位：mm）

日期	时间	HP	No. 1	日期	时间	HP	No. 1
2004-6-23	15:46:20	7.000 3	22.824	2004-6-23	16:02:40	7.019 0	22.844
2004-6-23	15:48:40	7.002 0	22.825	2004-6-23	16:03:00	7.018 0	22.843
2004-6-23	15:49:40	7.002 2	22.826	2004-6-23	16:03:40	7.016 8	22.840
2004-6-23	15:50:30	7.003 5	22.828	2004-6-23	16:04:00	7.016 0	22.840
2004-6-23	15:51:10	7.004 7	22.829	2004-6-23	16:04:20	7.014 9	22.840
2004-6-23	15:51:50	7.005 7	22.831	2004-6-23	16:04:50	7.013 9	22.839
2004-6-23	15:52:30	7.006 7	22.832	2004-6-23	16:05:10	7.013 1	22.837
2004-6-23	15:53:00	7.007 6	22.832	2004-6-23	16:05:40	7.012 0	22.836
2004-6-23	15:53:50	7.009 0	22.834	2004-6-23	16:06:00	7.011 2	22.836
2004-6-23	15:54:40	7.009 7	22.835	2004-6-23	16:06:30	7.010 0	22.836
2004-6-23	15:55:20	7.011 1	22.836	2004-6-23	16:07:10	7.008 8	22.834

续表

日期	时间	HP	No. 1	日期	时间	HP	No. 1
2004-6-23	15:56:00	7.012 0	22.836	2004-6-23	16:07:40	7.007 7	22.832
2004-6-23	15:56:40	7.012 8	22.837	2004-6-23	16:08:10	7.006 5	22.832
2004-6-23	15:57:20	7.013 9	22.839	2004-6-23	16:08:30	7.005 4	22.831
2004-6-23	15:58:00	7.014 7	22.840	2004-6-23	16:09:20	7.004 4	22.828
2004-6-23	15:58:50	7.015 8	22.840	2004-6-23	16:09:40	7.003 8	22.828
2004-6-23	15:59:40	7.016 4	22.840	2004-6-23	16:10:10	7.003 0	22.828
2004-6-23	16:00:30	7.018 2	22.843	2004-6-23	16:10:40	7.002 1	22.825
2004-6-23	16:00:50	7.019 3	22.844	2004-6-23	16:10:50	7.002 1	22.825
2004-6-23	16:01:40	7.021 0	22.847	2004-6-23	16:11:40	7.000 9	22.824
2004-6-23	16:02:10	7.020 0	22.844	2004-6-23	16:12:10	7.000 1	22.824

从表中的数据可以看出 CCD 的输出读数既有偶数也有奇数，既有 4 μm的倍数也有 2 μm 的倍数。如果测量数据没有达到像素的亚像元精度，这些读数应该是 CCD 标称分辨率 4 μm 的整数倍。正是通过采取前面提到的提高 CCD 分辨率的措施，使 CCD 的分辨率提高到小于 2 μm 的水平。

7.1.3 CCD 标定结论

从标定和拟合的结果来看，CCD 的线性度比较好，每个 CCD 拟合后的标准中误差不大于 ± 0.01 mm 的技术指标；每个 CCD 的分辨率也都小于 0.002 mm，满足设计要求。

CCD 的这种标定方法是比较严格的，但是也受到一些外界因素的干扰。首先是温度变化的影响，由于此项工作是在夏季进行的，一天中的温度变化很大，实验场所的一台空调很难保证温度的均衡，从得到的温度读数来看，有时候在一个 CCD 的标定过程中环境温度也有一度以上的变化，这对于 CCD 这样的电子元件的输出是肯定有影响的。其次是实验平台的震动的影响，实验场所处在北京到八达岭高速公路旁边，紧挨高速公路的辅道，所以大型卡车来往频繁，放在平台上的手提电脑的屏幕可以经常感觉到在震动,可见这肯定会对 CCD 的测量产生影响。如果有更好的实验环境,标定的结果应该更好一些。不过,CCD 的标定只是起到检查作用,对传感器的整体标定才是决定整体精度的关键。

7.2 钵体传感器的标定

7.2.1 标定的目的

CCD 数字式静力水准传感器从外观上像一个钵体,这里简称钵体传感器。钵体传感器由 CCD 系统、电源系统、光源系统、液体、浮子、弹簧及连接机构等部分组成。该传感器的整体性能受到各个部分的综合影响。前面一章只描述了对 CCD 的标定,实际上是对 CCD 性能的检测,要得到传感器的整体性能必须对单个钵体传感器进行严格的标定。

对单个钵体传感器的标定首先要确定的是,在设计要求的工作范围内,传感器的输出数据和传感器所在位置的真实升降之间的关系,通过多项式拟合的方法,得到信号输出和位置变化的一一对应关系,并且确定这种拟合对实际位置变化所产生的误差必须在允许的范围以内。

其次要考察的是传感器的分辨率问题。传感器能够测量到的位置的最小变化量,即传感器的分辨率,也是测量仪器的重要技术指标。

另外还要考察钵体传感器的测量输出和环境温度变化的关系问题,这个问题在下一章进行讨论。

7.2.2 标定方法和系统搭建

首先将钵体编号,并且 CCD 也按编号分别安装在对应的钵体里面。设计了两种单个钵体的标定方法,第一种方法是:首先选定一个钵体(这里选九号钵体)作为标定用的水箱,用以控制液面的高低。将水箱和待标定钵体分别固定在两个可调节升降的支撑上,用水管连接它们,待标定钵体连接好电源和信号线。用作水箱的钵体的支撑上端安装HP激光干涉仪的反射镜，并根据激光干涉仪的工作结构安装激光测量系统，用HP干涉仪的读数作为标定的基准。用水平仪调整好水箱和待标定钵体的水平，向水箱注入工作液体(这里用的是去离子水)，这时液体会自动向待标定钵体流动，当液体水位到达传感器的工作范围的中心附近时，停止注水。实际实验照片见图7.4。

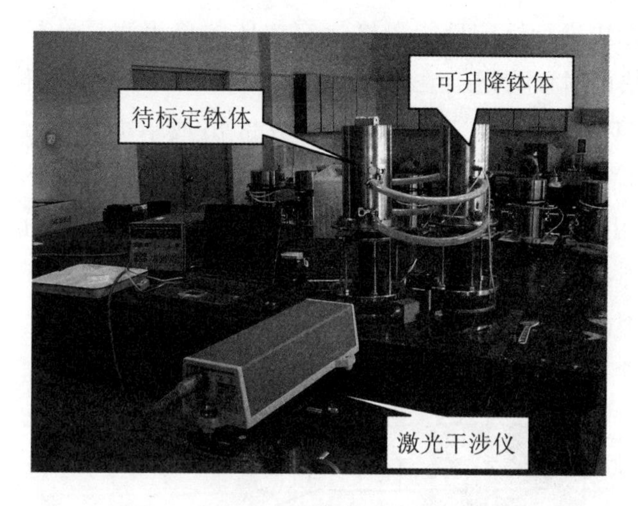

图7.4　用HP双频激光干涉仪标定钵体

当升降水箱的支撑时，待标定钵体中的液体液面高度就会发生变化，钵体的输出测量数据也就发生变化。其关系是，钵体测量到的位置的变化量应该是双频激光干涉仪测量到的水箱的上下变化量的一半，例如，水箱上升了4 mm，这时水箱里的水向待标定钵体流动，也使其液面升高，当液体流动停止，液面平衡的时候，待标定钵体测量到的位置变化应该是上升2 mm。

用这种方法做了几个实验，结果却很不理想，偏差很大，经过分析和检查，发现用于升降水箱的中心螺纹螺杆的间隙很大，而且螺距不均匀，使安装HP干涉仪反射镜的支架发生倾斜，干涉仪的读数不能反映水箱的真实高度变化，得到的结果自然也就不理想。如果调节装置更精密些，这种方法是肯定可行的。

第二种方法是：两个钵体的连接和第一种方法相同，待标定的钵体位置比用作水箱的钵体高出约6 mm，从水箱的钵体中缓慢注入去离子水，当液面稳定时，待标定钵体的输出读数在其测量范围的下限。事先加工好数十个不锈钢的圆棒，尺寸严格控制为Φ21 mm×10 mm，外径和长度误差都控制在±0.005 mm以内，这些圆棒被称为标定标准块。在标定的时候，逐一在作为水箱的钵体中小心加入标准块，防止水花溅出和引起水面的过大波动。每个钵体的内径都是精密机械加工出来的，都控制在(126±0.02) mm以内，所以在这个两钵体组成的系统中，水箱中加入一块标准块的时候，将会使水面升高138.889 μm，因为CCD本身的线性度好，如果希望加快标定速度，可以一次放入五块这样的标准块，这时将使水面升高694.445 μm。

用这种方法进行标定只能严格标定钵体的单程测量结果，因为从水箱里取出标准块的时候肯定会在标准块上粘带水珠，从而使液体实际体积减少。经过估算，假如有普通的一滴水被带出或者加入系统，将会产生±1.5 μm左右的误差，所以用取出标准块的办法标定钵体的测量返程是不合适的，但是由于已经对CCD的往返重复精度进行过标定，也用升降法考察了钵体升降的时候输出读数的重复性，结果表明重复性是非常好的，远远小于测量精度的允许误差，所以用加标准块的方法是可行的。标定的实景照片见图7.5。

图7.5 用标准块标定单个钵体实景照片

另外，第二种标定方法中，由标准块和钵体加工误差所引起的误差可以用误差传播定律计算出来。设小圆棒的直径为 $Z=21$ mm，其中误差为 $\sigma_Z=\pm0.005$ mm，长度为 $L=10$ mm，其中误差为 $\sigma_L=\pm0.005$ mm；钵体的内径为 $D=126$ mm，其中误差为 $\sigma_D=\pm0.02$ m。当一个标准块加入到钵体的液体里，液面升高量为 H mm，则有关系式

$$H = \left(\frac{Z}{D}\right)^2 \times L \tag{7.11}$$

对上式求全微分,得

$$\mathrm{d}H = \frac{2ZL}{D^2} \times \mathrm{d}Z - \frac{2Z^2 L}{D^3} \times \mathrm{d}D + \frac{Z^2}{D^2} \times \mathrm{d}L \tag{7.12}$$

由于 Z,L 和 D 三个变量是相互独立的,由协方差传播定律,可以得到液面上升由于加工误差而产生的中误差为

$$\begin{aligned}\sigma_{H加工} &= \sqrt{\left(\frac{2ZL}{D^2}\right)^2 \times \sigma_Z^2 + \left(\frac{2Z^2 L}{D^3}\right)^2 \times \sigma_D^2 + \left(\frac{Z^2}{D^2}\right)^2 \times \sigma_L^2} \\ &= 6.68 \times 10^{-5}(\mathrm{mm})\end{aligned} \tag{7.13}$$

这个量非常小,可以忽略。

7.2.3 标定数据分析

表7.3和图7.6分别是用第一种方法标定的第九号钵体的数据和结果。

表7.3 第九号钵体HP标定结果

日期	时间	HP	No.9	日期	时间	HP	No.9
2004-7-7	15:28:30	0.000 0	29.639	2004-7-7	16:33:50	21.012 3	18.888
2004-7-7	15:31:50	1.004 4	29.181	2004-7-7	16:35:20	22.003 3	18.440
2004-7-7	15:34:30	2.007 1	28.600	2004-7-7	16:37:20	23.004 1	17.859
2004-7-7	15:36:30	3.009 9	28.119	2004-7-7	16:39:40	24.037 0	17.340
2004-7-7	15:40:40	4.004 2	27.634	2004-7-7	16:41:10	25.008 7	16.955
2004-7-7	15:43:00	5.001 5	27.040	2004-7-7	16:46:50	24.999 6	16.952
2004-7-7	15:44:50	6.009 6	26.528	2004-7-7	16:49:00	23.994 8	17.397
2004-7-7	15:48:10	7.001 0	26.064	2004-7-7	16:52:00	23.008 0	17.880
2004-7-7	15:50:40	8.007 5	25.480	2004-7-7	16:54:50	22.008 7	18.420
2004-7-7	15:53:30	9.001 8	24.984	2004-7-7	16:57:10	20.840 3	18.968
2004-7-7	15:57:20	10.005 1	24.532	2004-7-7	17:01:30	19.981 9	19.380
2004-7-7	15:59:00	11.016 4	23.952	2004-7-7	17:03:40	18.996 2	19.925
2004-7-7	16:02:30	12.002 6	23.464	2004-7-7	17:06:10	18.004 6	20.419
2004-7-7	16:05:30	13.005 1	23.008	2004-7-7	17:08:40	17.004 5	20.904

续表

日期	时间	HP	No.9	日期	时间	HP	No.9
2004-7-7	16:09:40	14.004 2	22.434	2004-7-7	17:10:50	16.004 8	21.456
2004-7-7	16:16:20	15.005 8	21.934	2004-7-7	17:12:30	14.999 0	21.952
2004-7-7	16:20:50	16.001 3	21.464	2004-7-7	17:15:00	13.997 9	22.434
2004-7-7	16:23:00	17.021 4	20.920	2004-7-7	17:17:00	13.007 3	22.992
2004-7-7	16:25:30	18.023 3	20.429	2004-7-7	17:19:40	11.995 4	23.480
2004-7-7	16:27:20	19.024 0	19.960	2004-7-7	17:21:30	11.010 6	23.967
2004-7-7	16:30:20	20.002 3	19.401	2004-7-7	17:23:40	10.007 3	24.523

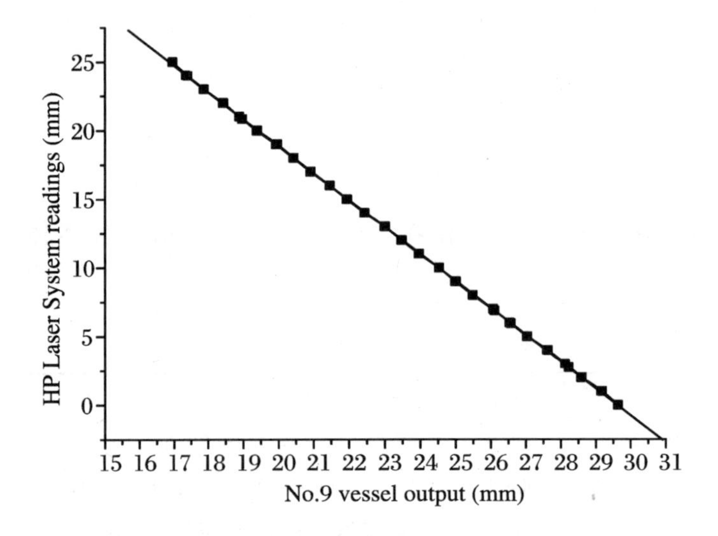

图 7.6 第九号钵体的 HP 标定结果图

标定数据经过线性拟合得到的线性公式是

$$Y = 58.06773 - 1.96067X \tag{7.14}$$

拟合的标准中误差为：$\sigma_{9\text{钵HP一次}} = \pm 0.06955$ mm，这个结果大于希望的中误差小于 ±0.01 mm 的要求。

经过四次多项式拟合得到的拟合多项式为

$$Y = 75.40501 - 4.86324X + 0.18239X^2 - 0.00511X^3 + (5.40348\text{E} - 5)X^4 \tag{7.15}$$

拟合的标准中误差为：$\sigma_{9\text{钵HP四次}} = \pm 0.05834$ mm，这个结果仍然大于希望的中误差小于 ±0.01 mm 的要求。

其他钵体用 HP 双频激光干涉仪标定的数据及拟合结果也显示其结果

不够理想。

因此由于设备和装置的缘故，第一种方法不能得到标定所要求得精度，从而采用了第二种标定方法。表 7.4 和图 7.7 分别是一号钵体的最后标定数据及结果。

表 7.4　一号钵体加块标定数据

日期	时间	加入块数	理论水面升高	No.1
2004-7-16	15:57:10	5	694.444 45	29.220
2004-7-16	15:58:40	10	1 388.888 89	28.504
2004-7-16	16:00:20	15	2 083.333 34	27.782
2004-7-16	16:01:50	20	2 777.777 78	27.076
2004-7-16	16:04:40	25	3 472.222 23	26.383
2004-7-16	16:06:30	30	4 166.666 67	25.665
2004-7-16	16:08:20	35	4 861.111 12	24.976
2004-7-16	16:10:20	40	5 555.555 56	24.253
2004-7-16	16:12:00	45	6 250.000 00	23.547
2004-7-16	16:13:40	50	6 944.444 45	22.847
2004-7-16	16:15:40	55	7 638.888 90	22.137
2004-7-16	16:17:30	60	8 333.333 34	21.448
2004-7-16	16:19:40	65	9 027.777 79	20.719
2004-7-16	16:21:40	70	9 722.222 23	20.036
2004-7-16	16:23:10	75	10 416.666 68	19.340
2004-7-16	16:25:20	80	11 111.111 12	18.648
2004-7-16	16:27:00	85	11 805.555 57	17.944
2004-7-16	16:28:40	90	12 500.000 01	17.230
2004-7-16	16:29:40	92	12 777.777 79	16.948
2004-7-16	16:31:10	95	13 194.444 46	16.544

线性拟合公式为

$$Y = 29\,495.838\,73 - 986.587\,28X \tag{7.16}$$

线性拟合的标准中误差为：$\sigma_{1\text{加块一次}} = \pm 13.832\,63\ \mu\text{m}$。

经过四次多项式拟合，得到的拟合公式为

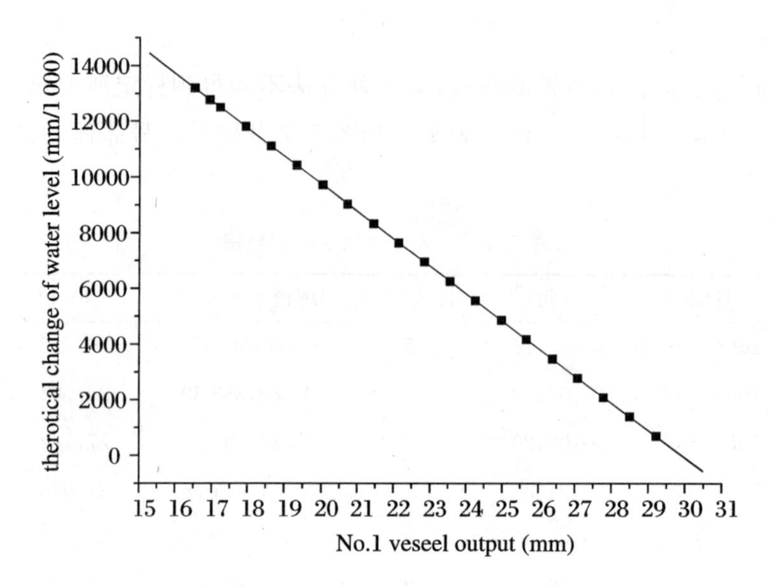

图 7.7 一号钵体加块标定拟合

$$Y = 29\,435.920\,07 - 952.682\,86X - 3.067\,5\,X^2 + 0.090\,44X^3 - 7.491\,55\text{E}-4X^4 \tag{7.17}$$

经过四次多项式拟合后的标准中误差为：$\sigma_{1加块四次} = \pm 9.439\,89\ \mu\text{m}$。

同样方法得到其他钵体传感器的数据。

二号钵体传感器线性拟合公式为

$$Y = 29\,212.639\,88 - 987.087\,59X \tag{7.18}$$

线性拟合的标准中误差为：$\sigma_{2加块一次} = \pm 18.785\,51\ \mu\text{m}$。

经过四次多项式拟合，得到的拟合公式为

$$Y = 30\,760.209\,07 - 1\,338.517\,65X + 29.227\,11X^2 - 1.048\,86X^3 + 0.013\,67X^4 \tag{7.19}$$

经过四次多项式拟合后的标准中误差为：$\sigma_{2加块四次} = \pm 8.387\,29\ \mu\text{m}$

三号钵体传感器线性拟合公式为

$$Y = 29\,804.287\,91 - 979.654\,11X \tag{7.20}$$

线性拟合的标准中误差为：$\sigma_{3加块一次} = \pm 20.177\,83\ \mu\text{m}$。

经过四次多项式拟合，得到的拟合公式为

$$Y = 30\,655.995\,1 - 1\,110.550\,68X + 8.769\,11X^2 - 0.296\,69X^3 + 0.003\,98X^4 \tag{7.21}$$

经过四次多项式拟合后的标准中误差为：$\sigma_{3加块四次} = \pm 5.658\,57\ \mu\text{m}$

四号钵体传感器线性拟合公式为

$$Y = 29\,252.196\,64 - 974.819\,35X \tag{7.22}$$

线性拟合的标准中误差为：$\sigma_{4\text{加块一次}} = \pm 29.692\,14\ \mu\text{m}$。

经过四次多项式拟合，得到的拟合公式为

$$Y = 16\,431.711\,19 + 1\,378.479\,86X - 157.619\,11X^2 + 4.571\,16X^3 - 0.048\,53X^4 \tag{7.23}$$

经过四次多项式拟合后的标准中误差为：$\sigma_{4\text{加块四次}} = \pm 4.570\,1\ \mu\text{m}$。

五号钵体传感器线性拟合公式为

$$Y = 29\,126.192\,8 - 977.087\,92X \tag{7.24}$$

线性拟合的标准中误差为：$\sigma_{5\text{加块一次}} = \pm 16.266\,79\ \mu\text{m}$。

经过四次多项式拟合，得到的拟合公式为

$$Y = 38\,329.879\,18 - 2\,596.289\,14X + 106.267\,47X^2 - 3.086\,63X^3 + 0.033\,48X^4 \tag{7.25}$$

经过四次多项式拟合后的标准中误差为：$\sigma_{5\text{加块四次}} = \pm 6.094\,2\ \mu\text{m}$。

六号钵体传感器线性拟合公式为

$$Y = 29\,260.905\,84 - 985.170\,33X \tag{7.26}$$

线性拟合的标准中误差为：$\sigma_{6\text{加块一次}} = \pm 16.509\,33\ \mu\text{m}$。

经过四次多项式拟合，得到的拟合公式为

$$Y = 28\,657.921\,74 - 892.036\,46X - 4.208\,92X^2 + 0.036\,82X^3 + 8.003\,82\text{E} - 4\ X^4 \tag{7.27}$$

经过四次多项式拟合后的标准中误差为：$\sigma_{6\text{加块四次}} = \pm 6.570\,17\ \mu\text{m}$。

七号钵体传感器线性拟合公式为

$$Y = 29\,327.192\,78 - 985.496\,97X \tag{7.28}$$

线性拟合的标准中误差为：$\sigma_{7\text{加块一次}} = \pm 27.996\,99\ \mu\text{m}$。

经过四次多项式拟合，得到的拟合公式为

$$Y = 30\,430.207\,66 - 1\,196.579\,39X + 16.674\,47X^2 - 0.614\,6X^3 + 0.008\,51X^4 \tag{7.29}$$

经过四次多项式拟合后的标准中误差为：$\sigma_{7\text{加块四次}} = \pm 4.363\,95\ \mu\text{m}$。

八号钵体传感器线性拟合公式为

$$Y = 30\,048.399\,51 - 984.027\,22X \tag{7.30}$$

线性拟合的标准中误差为：$\sigma_{8\text{加块一次}} = \pm 15.294\,2\ \mu\text{m}$。

经过四次多项式拟合，得到的拟合公式为

$$Y = 26\,371.356\,33 - 264.758\,47X - 50.651\,29X^2 + 1.528\,23X^3 - 0.016\,74X^4 \quad (7.31)$$

经过四次多项式拟合后的标准中误差为：$\sigma_{8加块四次} = \pm 3.902\,54\ \mu m$。

九号钵体传感器线性拟合公式为

$$Y = 28\,771.010\,12 - 984.921\,36X \quad (7.32)$$

线性拟合的标准中误差为：$\sigma_{9加块一次} = \pm 29.486\,83\ \mu m$。

经过四次多项式拟合，得到的拟合公式为

$$Y = 20\,841.663\,69 + 274.181\,87X - 71.134\,39X^2 + 1.666\,32X^3 - 0.013\,21X^4 \quad (7.33)$$

经过四次多项式拟合后的标准中误差为：$\sigma_{9加块四次} = \pm 5.968\,47\ \mu m$。

需要说明的是，在钵体传感器标定的数据处理时候使用了高阶多项式拟合，这是因为钵体传感器中的光学系统发出的光线并不严格平行。透镜加工的质量、点光源在反射镜上的成像没有严格在透镜的焦点上，这些因素往往使通过透镜发出的光线可能会不平行，其结果是在 CCD 接收面的阴影得到的测量数据和液面的实际升降会有高阶项的误差。另外标志物的位置可能在透镜中心轴线的上面也可能在其下面，这又会使拟合公式中的高阶项的系数有的为正，有的为负。

7.2.4 结论

各个钵体在标定后，经过多项式拟合，得到了一一对应的拟合公式，这些公式分别反应了各个钵体作为传感器的输出特性，在实际的测量中，这些公式将输入到数据处理软件中，经过计算得到各个钵体的测量值。每个钵体的拟合公式的标准中误差都小于 ± 10 μm，从标定过程中得到的数据可以看出它们的分辨率都好于 2 μm。这个结果达到了设计指标，也为进一步研究整个系统打下基础。

第 8 章　多钵体系统测试及其在 BEPCⅡ工程的应用

8.1　多钵体系统测试

在工程的实际测量中,静力水准系统往往包含两个以上的钵体传感器。前面已经对单个传感器的性能指标进行了标定,确定了每个传感器的拟合方程,现在需要对这些钵体组成一个测量系统后的整体性能做测试。

在一个由多个钵体组成的静力水准系统中,假如只有一个钵体所处的位置的基础升高了,则整个系统的液面都要发生变化,每个钵体的 CCD 传感器输出的读数也随之发生变化,它们之间的关系是:当这个钵体随基础升高了 s 毫米,则这个钵体里的液面就会下降,液体向其他钵体流动;对于一个由 n 个钵体组成的 HLS 系统,这个钵体里的液面将下降的数据是

$$h_j = \frac{s(n-1)}{n} \quad (\text{mm}) \tag{8.1}$$

而其他保持不动的钵体里的液体液面由于液体的流入升高,升高的量为

$$h_s = \frac{s}{n} \quad (\text{mm}) \tag{8.2}$$

当然,实际测量中不可能只有一个钵体的位置发生变化而其他地方不变,会有数个甚至全部钵体的位置都发生变化,有的升高,有的降低,这时每个钵体里的液面的高度的变化是分别按照以上计算结果的总和。液面的变

化是通过 CCD 传感器测量出来的,就得到了系统的测量目的。

这里有一个问题值得注意,如果一个 HLS 系统的每个钵体都是一个测量点,也就是它们在测量中的权重是一样的,那么当这个系统测量的范围内所有的基础都同时升高或降低的时候,共同升高或降低的最小值是系统不能测量得到的,因为在这个范围内钵体里液面是保持不变的。所以系统主要是测量各个钵体之间的相对高度的变化。如果要测量各个钵体位置的绝对高度的变化,可以在系统中设立一个标准钵体,它被安装在一个高度保持不变的基础上,其他钵体的升高或者降低的传感器读数都和这个标准钵体读数相比较,这个时候各个钵体所测的位置的变化是绝对的位置变化。还有一种情况,就是虽然每个钵体都分别放置在一个测量点上,但是在系统中可以选定一个钵体作为参照点,其他钵体的测量数据都和这个参照钵体的测量数据比较,也可以分别得到各个测量点的升降。这样处理则会使计算公式简洁一些。

本书讨论的系统主要是用于测量加速器的基础高程的相对变化。对于粒子加速器基础的整体均匀的变化,对加速器的运行没有影响,我们所关心的重点是各个位置的相对变化。所以没有设置标准钵体,而是每个钵体都放置在测量位置上,但是在计算时选择一个钵体作为计算的参照点。

实际上设置标准钵体的系统的测试原理也是一样的,只是计算公式上修改一下就可以实现。多钵体系统的测试是 HLS 在实验室里工作的最后一步,本书以一个三钵体系统的测试和一个九钵体的测试为例进行讨论。

8.1.1 三钵体系统测试

在一个大平台上安装一个三钵体的 HLS 系统,这里用两种方法进行了测试:一种是随机选择九个钵体中的三个钵体,组成一个 HLS 测量系统,其中一个钵体在测试过程中不读数,而是向其中添加标准块,读取另外两个钵体的输出数据,通过计算,可以决定它们之间的理论上的关系,和实际结果相比较达到测试目的;另一种是三个钵体都在系统中工作,即进行读数,这时候只有通过升降某一个钵体达到测试的目的。

在三钵体系统测试中,主要是考察钵体的测量数据之间的关系,包括各个钵体的测量灵敏度和测量的线性度。测量的灵敏度主要是看各个钵体的输出读数能否分辨出小于 2 μm 的读数，通过观察即可以得到结果。每个钵体的输出数据经过线性拟合能够得到线性度和中误差指标。

另外，在三钵体实验时各个钵体的输出数据没有进行温度修正。

图 8.1 显示的是第一种三钵体的测试方法。这里选择了 No. 1、No. 3 和 No. 8 三个钵体进行测试。在图 8.1(a)中显示的是第一种测试方法，数据见表 8.1。

(a) 用标准块标定

(b) 用千分表和双频激光干涉仪标定

图 8.1　三钵体 HLS 系统的测试

表 8.1　加标准块测试 No. 1、No. 3 和 No. 8 数据

时间	序号	标准块数量	No. 3 输出读数(mm)	No. 8 输出读数(mm)	No. 1 理论液面升高(μm)
14:35:20	1	0	30.566	30.034	0.00
14:37:30	2	5	30.080	29.569	1 388.89
14:39:50	3	10	29.594	29.099	2 777.78
14:41:50	4	15	29.104	28.628	4 166.67
14:44:30	5	20	28.624	28.159	5 555.56
14:46:40	6	25	28.136	27.692	6 944.45
14:50:00	7	30	27.656	27.228	8 333.34
14:52:10	8	35	27.167	26.756	9 722.23
14:54:20	9	40	26.683	26.288	11 111.12
14:56:20	10	45	26.200	25.816	12 500.01
14:58:40	11	50	25.720	25.344	13 888.90
15:01:00	12	55	25.239	24.872	15 277.79
15:03:40	13	60	24.754	24.404	16 666.68
15:06:10	14	65	24.264	23.928	18 055.57
15:09:30	15	70	23.774	23.457	19 444.46
15:15:30	16	75	23.287	22.984	20 833.35

续表

时间	序号	标准块数量	No. 3 输出读数(mm)	No. 8 输出读数(mm)	No. 1 理论液面升高(μm)
15:18:40	17	80	22.800	22.512	22 222.24
15:20:50	18	85	22.313	22.044	23 611.13
15:24:00	19	90	21.829	21.571	25 000.02
15:27:00	20	95	21.343	21.101	26 388.91
15:29:40	21	100	20.848	20.631	27 777.80
15:32:20	22	105	20.360	20.159	29 166.69
15:35:20	23	110	19.873	19.687	30 555.58
15:39:50	24	115	19.413	19.224	31 944.47
15:42:00	25	120	18.928	18.752	33 333.36
15:44:30	26	125	18.440	18.280	34 722.25
15:46:50	27	130	17.973	17.804	36 111.14

在第 5 章中曾经提到，一次向钵体中放入五块标准块，假如钵体不和其他钵体相连接，将使这个钵体里的水面升高 1 388.89 μm。但是现在这个钵体还和其他两个钵体相连接，理论上，三个钵体里的液面将分别升高为 $1\,388.89\times1/3=462.96$ μm。观察数据表 8.1 的数据，No. 3 和 No. 8 钵体的输出数据能够分辨 1 μm 的读数，说明灵敏度是好于 2 μm 的。根据三号和八号钵体的输出，进行线性拟合可以得到线性度和中误差指标，它们的线性度和中误差分别为

三号钵体：线性度≤0.000 1，中误差≤±0.037 mm

八号钵体：线性度≤0.000 1，中误差≤±0.055 mm

从结果来看，整体结果很好，但是由于加块时水的溅出等因素，影响了局部的结果，使测量中误差偏大，另外没有做温度修正也影响了这个指标。

图 8.1(b)显示的是第二种测试方法。通过升降 No. 1 钵体，读取 No. 1、No. 3 和 No. 8 三个钵体的输出数据，考察它们的工作情况。用双频激光干涉仪和千分表同时测量 No. 1 钵体的升降量，测试数据见表 8.2(a)和(b)。从这两个表格中可以看出，双频激光干涉仪的读数和千分表的读数有几十个微米的偏差，这主要是由于升降系统的螺纹螺杆的机械不均匀性造成的，千分表是直接测量钵体的顶端升降的，更直接反映钵体的升降量，尽管它的读数没有双频激光干涉仪的读数精确。所以这里的数据处理以千分表的读数为准，这也是前面为什么没有直接用双频激光干涉仪作为一个

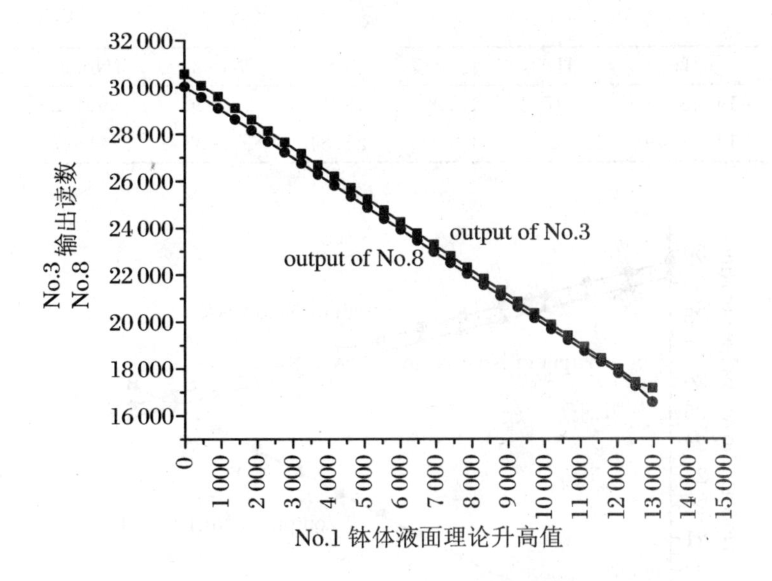

图 8.2　加标准块测试 No. 1、No. 3 和 No. 8

钵体标定的标准而是用加标准块法标定的原因。

根据设计指标，每个钵体的测量范围是 ± 5 mm，对应的 CCD 传感器的输出读数在 17 到 27 mm 之间，适当向两边留有一些测量余量，为了重点考察这个范围内的工作情况，首先小范围地升高 No. 1 钵体，另外两钵体的输出读数基本在测量范围以内，表 8. 2(a)经过数据处理后的图形见图 8.3。

表 8. 2(a)　小范围升降检测(单位：mm)

时间	HP	百分表	No. 1	No. 3	No. 8
13:49:05	0.000 0	0.000	17.011	29.680	29.196
13:54:01	0.961 7	1.009	17.684	29.335	28.863
14:03:20	1.962 2	2.000	18.348	29.004	28.532
14:07:11	2.998 0	3.005	19.040	28.648	28.198
14:11:31	3.974 8	4.009	19.729	28.302	27.858
14:15:07	4.979 8	5.009	20.402	27.956	27.525
14:18:51	5.985 5	6.001	21.076	27.614	27.195
14:22:27	6.958 2	7.004	21.763	27.256	26.852
14:26:31	7.962 7	8.000	22.435	26.919	26.520
14:33:29	8.984 9	9.009	23.116	26.566	26.184
14:37:29	9.956 7	10.005	23.804	26.223	25.843
14:41:24	10.956 2	11.003	24.472	25.883	25.511

续表

时间	HP	百分表	No. 1	No. 3	No. 8
14:48:38	11.979 1	12.000	25.156	25.536	25.172
14:57:49	12.953 3	13.009	25.848	25.183	24.827

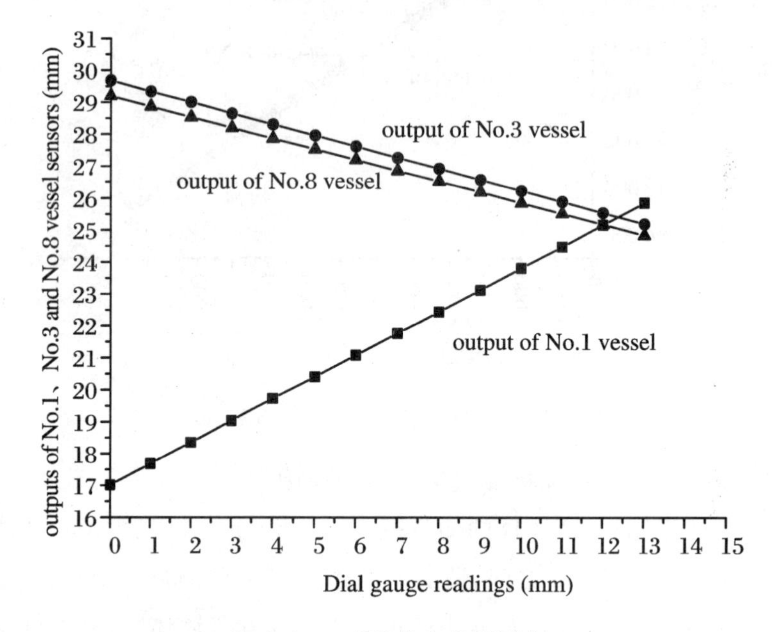

图 8.3 三钵体的小范围测试

从上图中可以看出当 No. 1 钵体升高位置时，它里面的液体的液面在下降，同时 No. 3 和 No. 8 两个钵体里的液体液面在上升。这里，CCD 输出的读数是液面越高输出读数越小，反之越大。它们的灵敏度指标显然达到了要求，它们的线性度指标和标准差分别为

一号钵体：线性度≤0.000 1，标准差≤±0.007 mm

三号钵体：线性度≤0.000 1，标准差≤±0.005 mm

八号钵体：线性度≤0.000 1，标准差≤±0.005 mm

这个结果比加标准块测试时要好得多。

为了尽量大范围测试这个系统，又对 No. 1 钵体升降了一个来回，升降幅度也加大，使另外两个钵体的输出读数尽量得到满量程，这时，No. 1 的输出读数显示在高低两端已经超出了它的测量范围，一般 CCD 的输出大于 29 mm 和小于 17 mm 都是超出量程的范围，这次测试的数据见表 8. 2(b)和图 8. 4。

表8.2(b)　大范围升降检测数据(单位:mm)

时间	HP	百分表	No.1	No.3	No.8	时间	HP	百分表	No.1	No.3	No.8
16:30:56	0.000 0	0.000	16.623	29.921	29.448	18:16:45	33.911 4	34.002	39.571	18.135	17.993
16:34:30	1.941 7	2.001	17.972	29.227	28.777	18:20:30	31.903 7	32.005	38.228	18.825	18.672
16:37:34	3.970 6	4.010	19.335	28.528	28.103	18:25:42	29.925 2	30.005	36.891	19.518	19.348
16:41:58	5.997 8	6.013	20.700	27.831	27.428	18:30:15	27.923 5	28.002	35.544	20.200	20.024
16:46:17	7.951 6	8.002	22.057	27.135	26.753	18:35:17	25.919 7	26.000	34.184	20.904	20.706
16:50:53	9.987 3	10.013	23.429	26.431	26.069	18:39:21	23.940 0	24.000	32.844	21.608	21.380
16:54:49	12.035 8	12.090	24.804	25.734	25.384	18:44:26	21.948 3	22.005	31.522	22.295	22.048
16:59:35	13.966 8	14.008	26.151	25.047	24.712	18:47:29	19.934 9	20.001	30.188	22.984	22.720
17:04:24	15.987 0	16.000	27.507	24.345	24.034	18:51:42	17.963 8	18.000	28.840	23.681	23.392
17:09:06	17.999 1	18.004	28.853	23.642	23.354	18:55:56	15.974 3	16.005	27.504	24.376	24.068
17:12:33	19.975 8	20.010	30.212	22.944	22.676	19:00:12	13.951 0	14.001	26.140	25.078	24.751
17:16:05	21.975 3	22.006	31.541	22.260	22.005	19:04:18	11.977 7	12.000	24.776	25.776	25.430
17:20:36	23.981 4	24.013	32.865	21.573	21.340	19:09:51	9.965 9	10.001	23.423	26.464	26.107
17:24:24	25.955 9	26.015	34.219	20.864	20.664	19:17:22	7.958 3	8.005	22.060	27.161	26.785
17:28:59	27.951 6	28.008	35.571	20.162	19.988	19:20:22	5.976 1	6.001	20.694	27.863	27.460
17:33:36	29.955 2	30.008	36.908	19.487	19.314	19:25:50	3.954 4	4.003	19.333	28.567	28.133
17:38:04	31.939 9	32.014	38.251	18.785	18.632	19:33:02	1.941 3	2.008	17.975	29.257	28.808
17:42:13	33.935 4	34.006	39.587	18.104	17.96	19:37:09	0.936 7	1.000	17.300	29.598	29.143
17:46:37	35.947 8	36.028	40.930	17.431	17.287	19:40:40	0.011 3	0.060	16.644	29.943	29.468
17:51:37	36.896 1	37.000	41.548	17.175	16.956						
18:12:32	35.908 6	36.003	40.912	17.456	17.316						

如果将千分表的读数和三个钵体的读数作为 Y 轴,X 轴取合适的间隔,得到的图形见图 8.4。

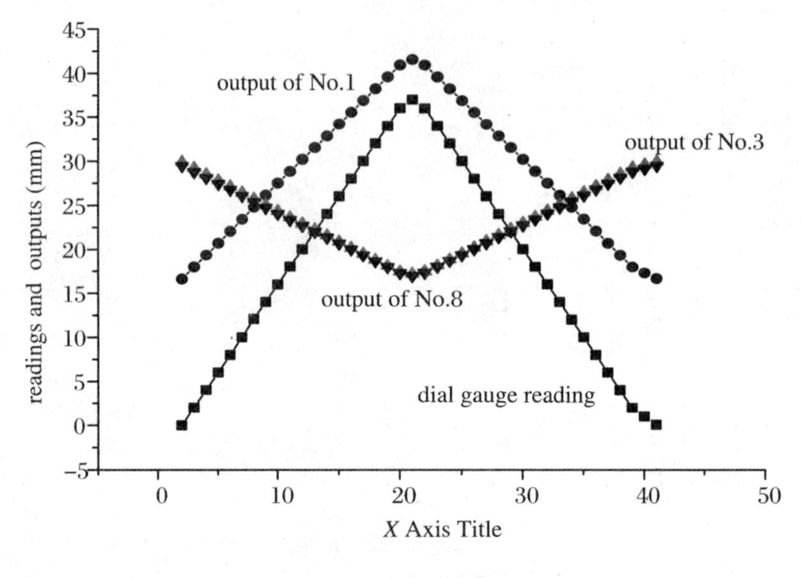

图 8.4 大范围升降测试

以上两种方法的测试的结果显示系统能正常工作，它们的线性度和标准差分别为

一号钵体:线性度≤0.000 1,标准差≤±0.032 mm

三号钵体:线性度≤0.000 1,标准差≤±0.025 mm

八号钵体:线性度≤0.000 1,标准差≤±0.018 mm

可以看出,由于一号钵体超出了测量范围,对测量的结果产生不利影响。

8.1.2 九钵体系统测试

在完成三钵体系统的测试之后,在这个大平台上搭建一个九钵体的系统,这次的测试包括温度的测量和温度对原始测量数据的修正。搭建的系统见图 8.5。

通过加标准块来使系统液面发生变化,对这样一个大系统来说已经不能达到一定的升降高度,故仍采用直接升降某钵体的高度,用千分表直接测量钵体的位置变化量。测量的数据见表 8.3(a)和(b)。

表 8.3(a) 2004-8-10 九钵体测试数据,原始读数(mm,℃)

时间	千分表	No.1	No.2	No.3	No.4	No.5	No.6	No.7	No.8	No.9	T1	T2	T3	T4	T5	T6	T7	T8	T9
14:20:13	0.000	39.633	27.392	25.409	27.506	23.296	27.107	27.100	28.124	26.320	26.81	26.93	26.70	26.81	27.43	26.85	27.06	26.62	27.06
14:36:14	3.006	36.897	27.736	25.770	27.857	23.649	27.455	27.440	28.469	26.672	26.93	27.01	26.81	26.87	27.53	26.93	27.14	26.71	27.17
14:39:58	6.005	34.209	28.082	26.128	28.215	24.007	27.807	27.792	28.821	27.040	26.94	27.06	26.83	26.92	27.56	26.93	27.18	26.75	27.18
14:45:08	9.017	31.544	28.424	26.479	28.574	24.347	28.152	28.149	29.167	27.400	27.00	27.06	26.87	26.93	27.56	27.00	27.19	26.78	27.21
14:49:10	12.019	28.889	28.768	26.829	28.918	24.682	28.492	28.488	29.508	27.744	27.02	27.11	26.88	26.98	27.60	27.00	27.23	26.81	27.25
14:52:56	15.005	26.210	29.111	27.183	29.260	25.029	28.832	28.824	29.844	28.088	27.06	27.12	26.93	27.00	27.62	27.04	27.25	26.81	27.25
14:57:40	18.005	23.516	29.459	27.532	29.607	25.367	29.168	29.158	30.180	28.425	27.06	27.13	26.93	27.02	27.66	27.06	27.27	26.87	27.29
15:01:11	21.006	20.823	29.800	27.877	29.952	25.702	29.504	29.496	30.512	28.768	27.12	27.18	26.98	27.06	27.68	27.06	27.31	26.87	27.31
15:05:13	24.006	18.127	30.130	28.224	30.297	26.045	29.840	29.840	30.844	29.104	27.12	27.18	27.00	27.06	27.69	27.09	27.31	26.90	27.33
15:08:45	27.004	15.982	30.424	28.528	30.589	26.344	30.133	30.144	31.131	29.398	27.14	27.21	27.01	27.06	27.72	27.12	27.32	26.93	27.37
15:12:32	23.995	18.208	30.128	28.223	30.295	26.040	29.840	29.832	30.840	29.104	27.18	27.25	27.05	27.12	27.75	27.12	27.37	26.93	27.37
15:15:28	21.001	20.895	29.784	27.871	29.942	25.695	29.496	29.480	30.501	28.760	27.18	27.25	27.06	27.12	27.76	27.12	27.37	26.99	27.38
15:18:37	17.998	23.591	29.440	27.512	29.584	25.344	29.152	29.136	30.159	28.408	27.22	27.25	27.06	27.12	27.80	27.17	27.37	27.00	27.43
15:21:41	14.999	26.291	29.080	27.150	29.230	24.999	28.803	28.806	29.812	28.064	27.25	27.30	27.09	27.17	27.81	27.18	27.40	27.00	27.43
15:28:03	11.997	28.978	28.735	26.790	28.879	24.648	28.456	28.456	29.468	27.710	27.26	27.31	27.12	27.18	27.87	27.20	27.43	27.06	27.45
15:31:14	8.901	31.703	28.377	26.424	28.519	24.299	28.104	28.105	29.119	27.352	27.31	27.33	27.12	27.23	27.87	27.25	27.46	27.06	27.50
15:34:08	5.999	34.275	28.055	26.090	28.182	23.971	27.776	27.775	28.789	27.008	27.31	27.37	27.16	27.25	27.90	27.25	27.49	27.07	27.50
15:37:36	3.013	36.959	27.712	25.735	27.831	23.616	27.426	27.433	28.440	26.648	27.31	27.37	27.18	27.25	27.93	27.25	27.50	27.12	27.50
15:42:23	0.018	39.619	27.368	25.382	27.479	23.272	27.079	27.088	28.100	26.296	27.36	27.40	27.18	27.29	27.93	27.31	27.53	27.12	27.54

表 8.3(b) 九钵体测试数据，以 No.1 钵体为参考，并进行温度修正 (μm，°C)

时间	14:36:14	14:39:58	14:45:08	14:49:10	14:52:56	14:57:40	15:01:11	15:05:13	15:08:45
No. 1Y	0	0	0	0	0	0	0	0	0
No. 2Y	−2 925.861	−5 824.787	−8 715.051	−11 614.67	−14 553.01	−17 525.73	−20 503.28	−23 482.52	−25 885.91
No. 3Y	−2 944.203	−5 857.361	−8 759.754	−11 669.55	−14 623.96	−17 604.26	−20 593.42	−23 597.86	−26 019.82
No. 4Y	−2 927.184	−5 833.792	−8 738.525	−11 638.56	−14 578.97	−17 556.87	−20 547.78	−23 554.55	−25 970.78
No. 5Y	−2 936.256	−5 849.815	−8 742.360	−11 638.89	−14 588.37	−17 560.28	−20 542.41	−23 546.08	−25 966.17
No. 6Y	−2 930.332	−5 836.284	−8 731.332	−11 629.75	−14 568.74	−17 534.50	−20 512.87	−23 504.45	−25 913.74
No. 7Y	−2 920.321	−5 823.478	−8 726.749	−11 620.34	−14 551.01	−17 509.76	−20 484.18	−23 476.64	−25 889.70
No. 8Y	−2 928.428	−5 836.399	−8 735.494	−11 639.10	−14 579.67	−17 552.29	−20 535.12	−23 532.82	−25 946.44
No. 9Y	−2 932.223	−5 850.729	−8 756.446	−11 654.13	−14 591.48	−17 551.94	−20 529.78	−23 513.35	−25 915.88
No. 1T	0	0	0	0	0	0	0	0	0
No. 2T	−2 925.135	−5 824.798	−8 713.960	−11 614.14	−14 551.92	−17 524.82	−20 502.19	−23 481.43	−25 885.01
No. 3T	−2 944.010	−5 857.350	−8 759.372	−11 668.98	−14 623.57	−17 603.87	−20 592.85	−23 597.65	−26 019.43
No. 4T	−2 926.084	−5 833.425	−8 737.239	−11 637.82	−14 577.87	−17 556.13	−20 546.67	−23 553.45	−25 969.30
No. 5T	−2 935.935	−5 849.875	−8 741.317	−11 638.24	−14 587.35	−17 560.01	−20 541.42	−23 545.28	−25 965.57
No. 6T	−2 929.601	−5 835.370	−8 730.602	−11 628.65	−14 567.64	−17 533.77	−20 511.03	−23 503.16	−25 912.64
No. 7T	−2 919.603	−5 823.316	−8 725.670	−11 619.63	−14 549.94	−17 509.06	−20 483.12	−23 475.58	−25 888.46
No. 8T	−2 927.865	−5 836.381	−8 734.920	−11 638.71	−14 578.54	−17 552.26	−20 533.97	−23 532.23	−25 946.02
No. 9T	−2 932.060	−5 850.568	−8 755.738	−11 653.79	−14 590.41	−17 551.62	−20 528.72	−23 512.66	−25 915.57
T1	26.93	26.94	27.0	27.02	27.06	27.06	27.12	27.12	27.14
…					…				
T9	27.17	27.18	27.21	27.25	27.25	27.29	27.31	27.33	27.37

时间	15:12:32	15:15:28	15:18:37	15:21:41	15:28:03	15:31:14	15:34:08	15:37:36	15:42:23
No. 1Y	0	0	0	0	0	0	0	0	0
No. 2Y	−23 400.34	−20 417.04	−17 433.95	−14 444.25	−11 496.61	−8 516.493	−5 735.493	−2 843.635	10.174
No. 3Y	−23 516.60	−20 516.48	−17 511.11	−14 512.71	−11 545.18	−8 552.881	−5 757.104	−2 851.083	13.203
No. 4Y	−23 472.29	−20 466.87	−17 460.78	−14 470.78	−11 514.56	−8 532.407	−5 738.977	−2 843.370	12.619
No. 5Y	−23 460.90	−20 464.44	−17 464.05	−14 479.87	−11 519.24	−8 542.157	−5 751.447	−2 845.078	10.240
No. 6Y	−23 424.15	−20 434.04	−17 445.33	−14 461.55	−11 508.48	−8 531.502	−5 742.986	−2 843.179	14.095
No. 7Y	−23 388.83	−20 397.95	−17 415.16	−14 454.71	−11 503.33	−8 531.257	−5 743.935	−2 854.640	−1.581
No. 8Y	−23 448.55	−20 453.10	−17 457.83	−14 469.00	−11 513.40	−8 535.167	−5 741.902	−2 841.154	10.232
No. 9Y	−23 433.05	−20 451.13	−17 462.15	−14 489.53	−11 535.29	−8 557.190	−5 756.758	−2 850.102	10.086
No. 1T	0	0	0	0	0	0	0	0	0
No. 2T	−23 399.45	−20 416.14	−17 432.30	−14 442.98	−11 495.34	−8 514.669	−5 734.416	−2 842.557	11.624

续表

时间	15:12:32	15:15:28	15:18:37	15:21:41	15:28:03	15:31:14	15:34:08	15:37:36	15:42:23
No. 3T	-23 516.20	-20 516.26	-17 510.15	-14 511.75	-11 544.59	-8 551.358	-5 756.322	-2 850.671	14.547
No. 4T	-23 471.17	-20 465.76	-17 458.92	-14 469.29	-11 513.08	-8 530.919	-5 737.860	-2 842.253	13.925
No. 5T	-23 460.12	-20 463.85	-17 463.48	-14 478.93	-11 519.25	-8 541.242	-5 751.104	-2 845.308	10.944
No. 6T	-23 422.31	-20 432.19	-17 443.67	-14 459.52	-11 506.64	-8 529.654	-5 741.138	-2 841.331	15.759
No. 7T	-23 387.77	-20 396.89	-17 413.36	-14 452.91	-11 501.92	-8 529.471	-5 742.712	-2 853.605	-0.176
No. 8T	-23 447.40	-20 453.04	-17 457.22	-14 467.83	-11 513.15	-8 533.988	-5 740.908	-2 841.084	11.235
No. 9T	-23 432.00	-20 450.26	-17 461.47	-14 488.30	-11 534.25	-8 556.155	-5 755.723	-2 849.066	11.303
T1	27.18	27.18	27.22	27.25	27.26	27.31	27.31	27.31	27.36
…					…				
T9	27.37	27.38	27.43	27.43	27.45	27.50	27.50	27.50	27.54

图 8.5　九钵体系统测试

表 8.3(a)中的数据显示的是千分表的读数、各个钵体的输出读数，包括高度读数和温度读数。当升降一号钵体的时候，千分表、一号钵体和其他钵体的测量读数都发生变化，它们之间的关系符合上述之间的数学关系。相应的图形表示见图 8.6。这里没有对温度因素进行修正，只显示高度变化读数之间的关系。

如果以千分表的读数作为 X 轴，可以得到各个钵体的测试指标为

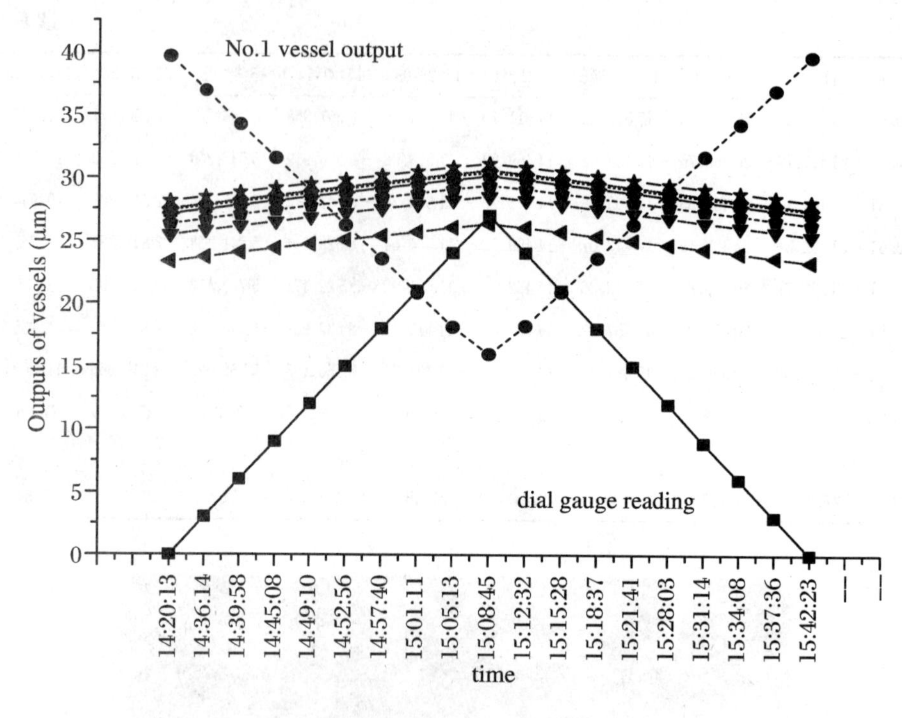

图 8.6　各个钵体原始读数之间的关系

一号钵体:线性度≤0.000 1;标准差≤±0.110 mm

二号钵体:线性度≤0.000 2;标准差≤±0.018 mm

三号钵体:线性度≤0.000 2;标准差≤±0.020 mm

四号钵体:线性度≤0.000 1;标准差≤±0.020 mm

五号钵体:线性度≤0.000 2;标准差≤±0.018 mm

六号钵体:线性度≤0.000 2;标准差≤±0.019 mm

七号钵体:线性度≤0.000 1;标准差≤±0.014 mm

八号钵体:线性度≤0.000 2;标准差≤±0.020 mm

九号钵体:线性度≤0.000 3;标准差≤±0.020 mm

可以看出,一号钵体的测试指标是不符合设计值的,实际上这里的数据是不能反映一号钵体的指标的,因为在两端已经大大超出了它的量程范围。而其他钵体基本反映其性能,除了一些也超出量程范围的钵体读数,它们带来了负面影响,而即使有这些负面影响,各个钵体的各项指标也是符合设计要求的。

在实际使用时,必须要进行温度修正。在数据采集和处理软件中输入各个钵体标定时确定的拟合公式加上温度修正项，这个修正项的自变量是各个钵体所测量得到的温度输出。另外，在系统中可以确定一个钵体作为参照，以确定其他钵体的升降量，使计算更加简洁。表8.3(b)中显示，在这个系统中以一号钵体为参照钵体，它的读数始终设为零。其中，No.1，No.2，…，No.9为各个钵体的原始升降测量输出，T1，T2，…，T9为对应钵体的温度传感器测量的温度输出（表中省略了几组数据），而No.1T，No.2T，…，No.9T为软件处理后的加了温度修正的计算结果。以时间为横坐标轴，以No.2T，…，No.9T为纵坐标得到的图形见图8.7。

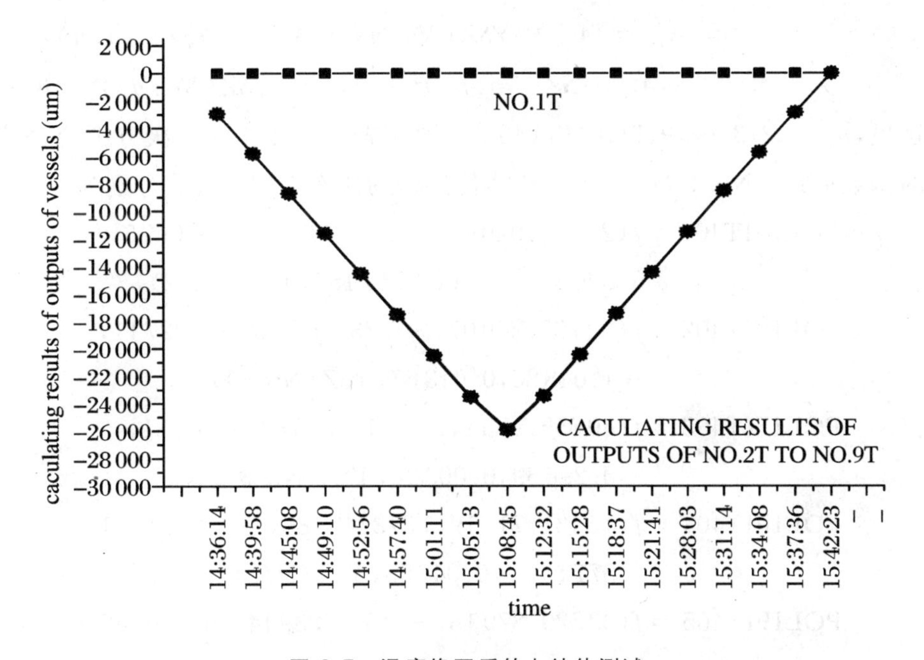

图8.7　温度修正后的九钵体测试

由于升降的一致性，经过温度修正和软件的计算得到的是各个钵体相对一号的升降量，所以No.2T到No.9T的输出的图形几乎全部重合，这也反应了系统的测量性能是好的，计算过程也是正确的。还要说明的是，这个时候一号钵体的测量数据是作为其他钵体计算的一个变量存在的，而一号钵体在这个测试过程中很多时候是超出了合理的测量范围的，所以这个数据不能作为讨论其他钵体的线性度和直线性的依据。

8.1.3 九钵体系统的计算公式

CCD的输出值称为原始值,在软件里设置一个函数为 $YSZ(X)$,X 可以为CCD的读数No.1,No.2,…,No.9,也可以是温度传感器的读数T1,T2,…,T9。

在第7章里已经得到每个钵体的四次拟合公式的一般形式为

$$\begin{aligned}\text{POLIFIT40n} &= f((A)_{on}, A_{1n}, A_{2n}, A_{3n}, A_{4n}, YSZ(No.n)) \\ &= A_{on} = A_{1n} \times YSZ(No.n) + A_{2n} \times (YSZ(No.n))^2 \\ &\quad + A_{3n}(YSZ(No.n))^3 + A_{4n} \times (YSZ(No.n))^4 \quad (8.3)\end{aligned}$$

这里,$n=1,2,3,\cdots,9$,POLIFIT40n分别代表九个钵体的四次方拟合公式的函数形式。No.1到No.9号钵体传感器的四次方拟合公式分别为

POLIFIT401 = f(29435.92007, −952.68286, −3.0675, 0.09044, −0.000749155, YSZ(No.2))

POLIFIT402 = f(30760.20907, −1338.51765, 29.22711, −1.04886, 0.01367, YSZ(No.2))

POLIFIT403 = f(30655.9951, −1110.55068, 8.76911, −0.29669, 0.00398, YSZ(No.3))

POLIFIT404 = f(16431.71119, 1378.47986, −157.61911, 4.57116, −0.04853, YSZ(No.4))

POLIFIT405 = f(38329.87918, −2596.28914, 106.26747, −3.08663, 0.03348, YSZ(No.5))

POLIFIT406 = f(28657.92174, −892.03646, −4.20892, 0.03682, 0.000800382, YSZ(No.6))

POLIFIT407 = f(30430.20766, −1196.57939, 16.67447, −0.6146, 0.00851, YSZ(No.7))

POLIFIT408 = f(26371.35633, −264.75847, −50.65129, 1.52823, −0.01674, YSZ(No.8))

POLIFIT409 = f(20841.66369, 274.18187, −71.13439, 1.66632, −0.01321, YSZ(No.9))

在第2章中讨论了温度的补偿问题,钵体中水的深度约65 mm,由

式(2.18),设置一个温度补偿的函数

$$\mathrm{ADJT0n} = \mathrm{ADJT}(YSZ(\mathrm{Tn})) = 200 \times \frac{65}{1\,000}(YSZ(\mathrm{Tn}) - 20)$$

那么每个钵体的输出数据经温度修正后的值分别表示为

No. 1 温度修正值 = POLIFIT401 − ADJT01

No. 2 温度修正值 = POLIFIT402 − ADJT02

No. 3 温度修正值 = POLIFIT403 − ADJT03

No. 4 温度修正值 = POLIFIT404 − ADJT04

No. 5 温度修正值 = POLIFIT405 − ADJT05

No. 6 温度修正值 = POLIFIT406 − ADJT06

No. 7 温度修正值 = POLIFIT407 − ADJT07

No. 8 温度修正值 = POLIFIT408 − ADJT08

No. 9 温度修正值 = POLIFIT409 − ADJT09

系统安装调试好,待系统完全稳定以后所取的第一组数据作为最原始的数据,每个钵体在这个时候的液面位置都将作为该钵体在将来的液面变化的参照,第一次的读数将被存储在 MODIFY(X)中,X 可以是 *YSZ*(No. 1),*YSZ*(No. 2),…,*YSZ*(No. 9);*YSZ*(T1),*YSZ*(T2),…,*YSZ*(T9)。那么在实时测量时,各个钵体中的液面的相对变化分别为

No. 1 液面升降 = No. 1 温度修正值
　　− *f*(29435.92007, − 952.68286, − 3.0675,
　　0.09044, − 0.000 749 155,MODIFY(No. 1))

No. 2 液面升降 = No. 2 温度修正值
　　− *f*(30760.20907, − 1338.51765,29.22711,
　　− 1.04886,0.01367,MODIFY(No. 2))

No. 3 液面升降 = No. 3 温度修正值
　　− *f*(30655.9951, − 1110.55068,8.76911,
　　− 0.29669,0.00398,MODIFY(No. 3))

No. 4 液面升降 = No. 4 温度修正值
　　− *f*(16431.71119,1378.47986, − 157.61911,
　　4.57116, − 0.04853,MODIFY(No. 4))

No. 5 液面升降 = No. 5 温度修正值

- f(38329.87918, - 2596.28914,106.26747,
- 3.08663,0.03348,MODIFY(No.5))

No.6 液面升降 = No.6 温度修正值
- f(28657.92174, - 892.03646, - 4.20892,
0.03682,0.0008.00382,MODIFY(No.6))

No.7 液面升降 = No.7 温度修正值
- f(30430.20766, - 1196.57939,16.67447,
- 0.6146,0.00851,MODIFY(No.7))

No.8 液面升降 = No.8 温度修正值
- f(26371.35633, - 264.75847, - 50.65129,
1.52823, - 0.01674,MODIFY(No.8))

No.9 液面升降 = No.9 温度修正值
- f(20841.66369,274.18187, - 71.13439,
1.66632, - 0.01321,MODIFY(No.9))

设以一号钵体为测量基础的参照,它的基础升降始终设为零,则系统中各个钵体所在的测点的升降表示为

No.1 基础升降 = 0

No.2 基础升降 = No.2 液面升降 - No.1 液面升降

No.3 基础升降 = No.3 液面升降 - No.1 液面升降

No.4 基础升降 = No.4 液面升降 - No.1 液面升降

No.5 基础升降 = No.5 液面升降 - No.1 液面升降

No.6 基础升降 = No.6 液面升降 - No.1 液面升降

No.7 基础升降 = No.7 液面升降 - No.1 液面升降

No.8 基础升降 = No.8 液面升降 - No.1 液面升降

No.9 基础升降 = No.9 液面升降 - No.1 液面升降

上述推导过程就是软件中各个计算公式的依据。

8.2　系统性能综述和在BEPCⅡ工程中的使用

有关新型HLS系统的调研花费了超过三年的时间，本套系统从设计、加工到测试完成又有约一年半的时间。对本套系统的各项性能都做了比较详细的理论推导和测试。这里对HLS系统比较重要的技术性能指标做个综述，然后对在BEPCⅡ工程中的实际使用情况进行分析，并对系统的现场维护等问题进行讨论。

8.2.1　系统性能综述

系统的性能主要包括钵体传感器的灵敏度、测量精度、线性度，还有系统的稳定时间、系统的环境适应性等。

系统的灵敏度除和CCD的分辨率有关，还和钵体的结构，尤其是浮子和弹簧的结构有关。前面已经讨论过，CCD系统有多种技术手段将分辨率提高到好于CCD本身分辨率；浮子的结构是，在两端采用锥形，用有机玻璃材料，尽量减少水在其表面的凝结，减小在表面的粘滞；而弹簧采用双螺旋碟形结构，对其轴向的阻力小，这些都保证了传感器应有的灵敏度。通过前面的讨论和测试，可以得到钵体传感器的测量灵敏度小于2 μm。

测量的精度又包括单个钵体的精度和系统的精度。单个钵体的精度同样受到CCD性能和钵体结构的约束，通过对单个钵体的标定测试，可以知道它们的精度都好于10 μm。而系统的精度主要取决于单个钵体的精度，同时受到温度、压力、液体管道的布设结构等因素的影响。在这套系统中，用单独的气管以保证每个钵体内部的压力相同，用温度传感器测量每个钵体所在位置的温度，进行温度补偿，在系统搭建时，保持水管的水平。通过这些手段完全能够保证系统的测量精度好于±20 μm。通过多次实验，还可以得到，系统实际精度应该比这里采用的测试手段所获得精度要高，即这里的测试方法所获得精度能够满足设计要求，但是要获得系统所能真正达到的最高精度,需要采取其他更好的办法。

通过多钵体的测试,每个钵体的测量和计算结果进行线性拟合后,得到的线性度都好于0.000 3。CCD器件本身的特性决定了钵体测量的线性度是很好的。

系统的稳定时间受到影响的因素比较多,系统的大小、液体管道的直径等对于一个封闭的系统来说是主要的影响因素。前面讨论过,系统的工作范围在500 m范围内的优化管道内径在16 mm左右,可以保证系统在受到比较大的外在干扰后,能在最短的时间趋于稳定,重新开始正常工作。

系统使用的工作液体是去离子水,允许的工作环境温度为0 ℃到50 ℃,湿度为100%。还可以通过在液体里加入适量的防冻液,使允许的工作环境温度低于0 ℃。

本系统要求的工作量程为±5 mm,实际量程可达±6 mm,每个钵体的CCD工作时输出的读数范围在17.0 mm到29.0 mm之间。

每个钵体都安装了温度传感器,它们的测量精度好于±0.05 ℃,工作范围为-10 ℃～100 ℃,输出的数据用于CCD输出数据的温度修正。

由于钵体采用304型不锈钢加工,在加速器的隧道中使用不会对磁铁磁场产生影响,也便于维护;另外,钵体的顶端面都是按设计尺寸严格加工的,可以在上面建立用于其他测量的基点,便于将本系统水准测量和其他测量网的连接,提高加速器准直测量的效率。

系统中数据采集仪和每个钵体中都有单独的电源电路,都单独可以直接接到220 V的电网上,数据采集仪还支持断电保持与断点续采的功能,假如外电网断电,再重新来电以后系统可以继续工作,原来的数据不会丢失,并从断点继续进行采数。

系统的软件界面友好,可以方便设置系统的参数,系统中传感器的数量、计算公式、数据形式都可以进行设置。

8.2.2 系统在BEPCⅡ工程中的实际使用及结果分析

系统在2004年8月完成了全部的测试工作。按照BEPCⅡ工程进度要求,2004年10月下旬在北京正负电子对撞机的谱仪大厅安装重达400多吨的防辐射水泥块,希望能够检测大厅在安装前后地基的沉降情况,为将来安装重达 800 吨的新电子谱仪提供参考，故于十月中旬在谱仪大厅及附近的储存环的磁铁基础上安装了一个由四个钵体组成的静力水准系统。同时，为了考察 BEPCⅡ工程加工的新磁铁的预准直大厅（简称北大厅）的地基状况，在北大厅安装了一个五钵体的 HLS 系统。这两套系统分别用一个数据采集仪，是两个独立的系统。两个系统在现场的安装情况见图 8.8(a)和(b)。

（a）HLS在谱仪大厅

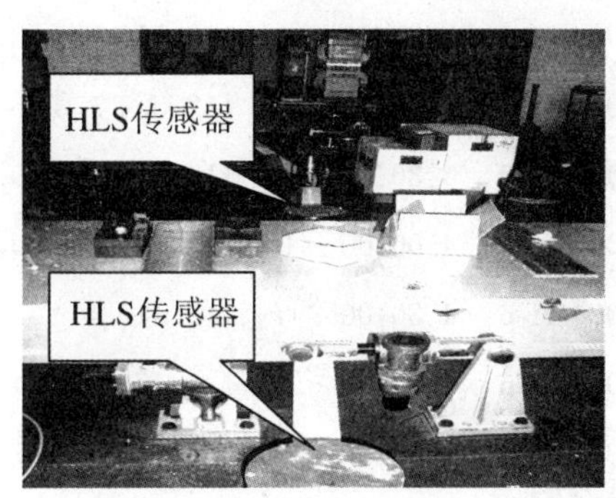

（b）北大厅里的HLS

图 8.8　HLS 现场安装情况

谱仪大厅的水泥块吊装进行了几周时间，北大厅的预准直实验进行到 2005 年 1 月，下面分别对这期间测量得到的数据进行分析。

8.2.2.1　谱仪大厅 HLS 测量数据分析

谱仪大厅安装的是一个由四个钵体组成的 HLS 系统，这四个钵体编号为一号到四号，其中以一号钵体为参照钵体，它安装在离谱仪大厅比较远的一个储存环二极铁的支撑上；二号钵体安装在相邻大厅的一个二极铁支撑上；而三、四号钵体安装在紧邻原来谱仪所在位置两端的两个四极铁支撑上，它们在大厅的中央，是最能反映大厅地基沉降变化的两个测点。从 2004 年 10 月 22 日到 2004 年 11 月 24 日系统进行测量，数据采集仪的设定的数据采集时间间隔为 30 分钟采集一次。由于数据量很大，在表 8.4 中只列出了 11 月 6 日全天和 7 日半天的数据。

表 8.4　谱仪大厅中 HLS 读数

（2004 年 11 月 6 日～2004 年 11 月 7 日，采数间隔：30 min；单位：μm、℃）

日期	时间	1号	2号	3号	4号	T1	T2	T3	T4
2004-11-6	0:00:00	0	104.771 2	246.214 8	145.207 9	14.93	14.37	14.37	14.00
2004-11-6	0:30:00	0	103.658 1	245.203 8	146.341 9	14.87	14.31	14.31	13.93

续表

日期	时间	1号	2号	3号	4号	T1	T2	T3	T4
2004-11-6	1:00:00	0	106.277 2	250.867 2	152.516 9	14.79	14.25	14.25	13.82
2004-11-6	1:30:00	0	104.179 7	250.832 2	151.612 0	14.72	14.18	14.18	13.75
2004-11-6	2:00:00	0	106.611 8	255.507 0	154.710 0	14.62	14.12	14.10	13.64
2004-11-6	2:30:00	0	103.556 3	252.717 4	151.064 9	14.56	14.06	14.02	13.56
2004-11-6	3:00:00	0	112.324 7	256.869 4	156.987 9	14.50	14.00	13.93	13.50
2004-11-6	3:30:00	0	112.725 5	260.211 3	161.937 1	14.38	13.93	13.87	13.37
2004-11-6	4:00:00	0	109.651 2	260.178 7	159.005 7	14.31	13.86	13.80	13.31
2004-11-6	4:30:00	0	110.415 2	261.388 9	160.253 0	14.25	13.81	13.71	13.23
2004-11-6	5:00:00	0	109.475 8	264.467 7	166.424 8	14.18	13.72	13.62	13.12
2004-11-6	5:30:00	0	109.615 9	267.378 4	166.505 0	14.12	13.63	13.56	13.06
2004-11-6	6:00:00	0	111.648 3	265.925 7	168.010 0	14.01	13.62	13.50	13.00
2004-11-6	6:30:00	0	109.416 8	268.298 7	167.528 2	13.99	13.62	13.43	12.93
2004-11-6	7:00:00	0	112.240 6	267.288 7	170.438 6	13.93	13.57	13.37	12.87
2004-11-6	7:30:00	0	114.110 9	266.718 0	166.057 9	13.92	13.57	13.31	12.81
2004-11-6	8:00:00	0	110.034 6	269.278 6	168.607 5	13.96	13.62	13.28	12.78
2004-11-6	8:30:00	0	110.055 4	265.718 5	168.600 6	14.12	13.68	13.29	12.82
2004-11-6	9:00:00	0	105.786 3	260.602 9	161.643 8	14.34	13.86	13.32	12.93
2004-11-6	9:30:00	0	107.439 7	253.872 0	156.420 5	14.56	14.05	13.43	13.06
2004-11-6	10:00:00	0	103.664 9	250.561 4	155.305 0	14.81	14.21	13.52	13.20
2004-11-6	10:30:00	0	100.228 6	240.649 2	145.163 1	14.99	14.37	13.62	13.31
2004-11-6	11:00:00	0	100.018 3	240.491 8	144.226 8	15.19	14.52	13.75	13.50
2004-11-6	11:30:00	0	96.898 27	237.794 8	141.250 7	15.42	14.70	13.87	13.62
2004-11-6	12:00:00	0	96.892 69	236.494 4	135.844 9	15.60	14.81	14.00	13.75
2004-11-6	12:30:00	0	94.902 08	229.535 1	130.763 2	15.74	14.87	14.06	13.81
2004-11-6	13:00:00	0	92.153 29	226.229 6	127.078 3	15.87	15.00	14.14	13.92
2004-11-6	13:30:00	0	90.767 18	224.832 3	123.602 1	16.02	15.12	14.25	14.02
2004-11-6	14:00:00	0	92.335 72	225.240 3	121.663 2	16.12	15.18	14.32	14.12
2004-11-6	14:30:00	0	89.664 63	221.262 8	117.571 1	16.21	15.26	14.43	14.23
2004-11-6	15:00:00	0	87.298 03	220.692 8	120.713 3	16.31	15.31	14.50	14.31

续表

日期	时间	1 号	2 号	3 号	4 号	T1	T2	T3	T4
2004-11-6	15:30:00	0	86.668 05	219.030 2	117.022 0	16.39	15.37	14.56	14.37
2004-11-6	16:00:00	0	83.608 87	214.422 4	114.347 8	16.47	15.37	14.62	14.43
2004-11-6	16:30:00	0	83.230 35	214.649 2	111.689 0	16.50	15.34	14.63	14.44
2004-11-6	17:00:00	0	80.757 35	207.624 5	108.143 6	16.52	15.31	14.67	14.43
2004-11-6	17:30:00	0	79.499 31	209.370 2	105.116 6	16.50	15.31	14.67	14.43
2004-11-6	18:00:00	0	77.733 83	207.573 8	107.110 0	16.38	15.25	14.62	14.40
2004-11-6	18:30:00	0	80.265 61	210.119 1	108.134 4	16.25	15.14	14.62	14.37
2004-11-6	19:00:00	0	86.804 41	217.060 5	112.420 6	16.12	15.02	14.57	14.31
2004-11-6	19:30:00	0	82.559 22	218.216 0	116.027 0	15.93	14.93	14.55	14.25
2004-11-6	20:00:00	0	88.696 71	223.789 9	120.883 1	15.75	14.80	14.49	14.18
2004-11-6	20:30:00	0	88.195 85	226.840 3	127.994 6	15.61	14.68	14.43	14.12
2004-11-6	21:00:00	0	93.389 60	231.569 1	132.947 3	15.44	14.56	14.37	14.05
2004-11-6	21:30:00	0	98.001 62	235.726 2	137.241 0	15.31	14.44	14.31	13.99
2004-11-6	22:00:00	0	99.225 20	240.877 5	138.606 9	15.18	14.37	14.25	13.93
2004-11-6	22:30:00	0	101.444 00	244.263 0	142.195 4	15.06	14.31	14.18	13.85
2004-11-6	23:00:00	0	100.904 00	243.547 8	147.387 7	14.93	14.22	14.12	13.79
2004-11-6	23:30:00	0	99.766 53	245.184 3	147.007 3	14.84	14.13	14.06	13.75
2004-11-7	0:00:00	0	101.602 80	250.941 5	151.405 7	14.79	14.08	14.02	13.65
2004-11-7	0:30:00	0	97.353 04	246.791 4	150.892 8	14.70	14.01	13.95	13.62
2004-11-7	1:00:00	0	104.784 00	254.143 9	152.744 3	14.62	13.97	13.92	13.56
2004-11-7	1:30:00	0	103.488 90	254.019 5	156.670 2	14.56	13.93	13.87	13.50
2004-11-7	2:00:00	0	107.379 50	256.666 4	156.274 2	14.50	13.87	13.84	13.49
2004-11-7	2:30:00	0	101.926 90	255.486 8	157.318 5	14.45	13.87	13.81	13.43
2004-11-7	3:00:00	0	102.970 90	255.562 4	159.177 7	14.43	13.84	13.78	13.42
2004-11-7	3:30:00	0	105.623 70	256.252 1	160.776 5	14.37	13.81	13.75	13.40
2004-11-7	4:00:00	0	108.562 80	258.211 2	163.883 2	14.37	13.81	13.75	13.38
2004-11-7	4:30:00	0	110.522 80	260.171 2	161.997 4	14.37	13.81	13.75	13.38
2004-11-7	5:00:00	0	104.177 10	254.981 2	159.630 8	14.31	13.79	13.72	13.37
2004-11-7	5:30:00	0	106.469 70	257.198 7	162.569 9	14.31	13.75	13.69	13.37

续表

日期	时间	1号	2号	3号	4号	T1	T2	T3	T4
2004-11-7	6:00:00	0	109.845 8	259.680 8	164.272 9	14.25	13.75	13.68	13.34
2004-11-7	6:30:00	0	107.749 6	258.495 2	164.004 4	14.18	13.68	13.63	13.31
2004-11-7	7:00:00	0	110.688 6	260.537 9	165.103 0	14.18	13.68	13.62	13.30
2004-11-7	7:30:00	0	108.256 8	261.065 4	165.094 9	14.13	13.67	13.62	13.26
2004-11-7	8:00:00	0	109.598 8	260.702 5	166.605 7	14.18	13.68	13.60	13.25
2004-11-7	8:30:00	0	107.553 0	257.677 3	164.563 0	14.18	13.69	13.61	13.26
2004-11-7	9:00:00	0	108.480 8	253.322 9	158.898 8	14.25	13.78	13.62	13.31
2004-11-7	9:30:00	0	107.931 6	252.460 3	157.550 5	14.37	13.87	13.62	13.35
2004-11-7	10:00:00	0	107.731 4	248.334 0	153.096 9	14.51	14.06	13.68	13.43
2004-11-7	10:30:00	0	102.794 1	239.623 0	144.673 4	14.70	14.18	13.76	13.56
2004-11-7	11:00:00	0	106.775 2	241.164 6	144.860 4	14.86	14.37	13.87	13.68
2004-11-7	11:30:00	0	108.278 9	237.122 4	141.356 5	15.05	14.54	13.98	13.81
2004-11-7	12:00:00	0	105.903 0	230.331 2	136.443 1	15.13	14.68	14.06	13.89
2004-11-7	12:30:00	0	106.049 7	229.986 6	133.609 1	15.25	14.80	14.12	14.00

在数据表中，除了日期、时间，1号到4号下面的数据是计算机计算后输出的高程变化量，单位是微米(μm)，T1到T4下面的数据代表的是各个钵体中温度传感器输出的温度，单位是℃。数据的图形表示为图8.9。

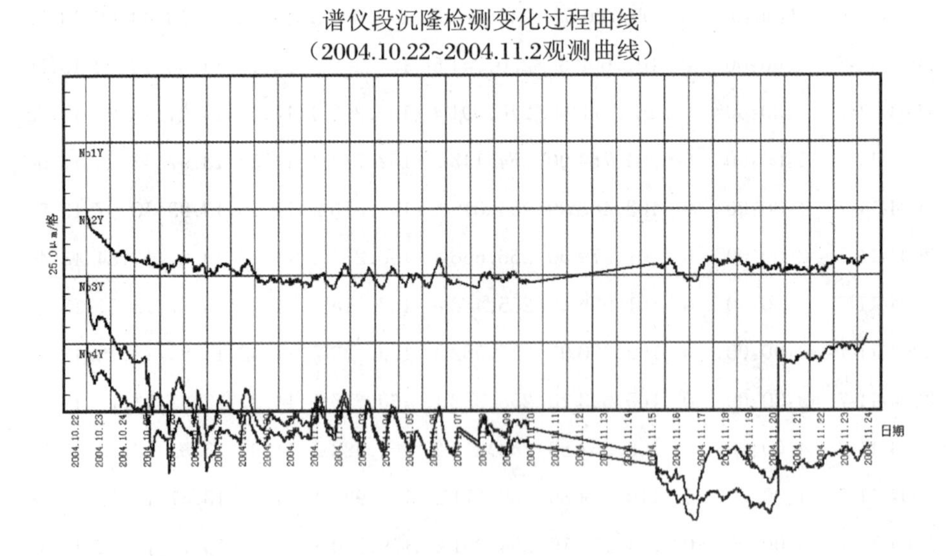

图 8.9 谱仪大厅的沉降检测

在图8.10中可以看出随着水泥块的安装,地基不断的沉降,1号钵体作为参照点,所以它的图形一直是一条水平线,二号钵体离谱仪大厅比较近,但是地基不在一个面上,所以受到谱仪地面沉降的影响比较小,大约有0.1 mm的沉降。3号钵体和4号钵体是直接测量谱仪大厅地基的沉降的,测量值的变化比较大,变化幅度和变化趋势基本一致,出现较大的向下的峰值的那一天安装的水泥块的数目也最多,在晚间停止工作时,地面又出现一定的向上反弹,出现的更小的波动一般是由于当天的温度波动引起的,也不排除地基的波动因素。由于现场在11月7日中午到8日上午8时和11月10日上午10时到11月15日下午4时停电,所以没有获得测量数据。11月19日水泥块安装基本结束,但是事后了解到,11月20日由于其他部门的需要,将安装3号和4号钵体的四极铁支撑向上升起了一些,所以出现了20日这两个钵体测量数据的大幅上升。尤以4号钵体的基础上升最多。此后地基的高程变化趋于稳定。地基的最大沉降达到0.35 mm。这说明原来的大厅的基础建设是很好的,没有必要重新建设地基,为工程节省了经费。

8.2.2.2　北大厅HLS测量数据分析

北大厅是准备用作BEPCⅡ工程中新加工的磁铁预准直场所,BEPCⅡ工程的安装程序是,先将比较大的磁铁组件在离线车间里安装好,将它们安装在一个大的钢结构支撑上,并在车间里将这些支撑上的各个磁铁等部件的位置调节到设计状态,这个过程叫"预准直"。然后将它们作为一个个整体部件安装到储存环中。由于磁铁的质量比较大,尤其是二极铁要达到十几吨,而且质量比较集中,极容易产生地基的局部沉降。在磁铁部件安装到对撞机储存环之前必须做好磁铁本身的准直,找到磁铁各个关键部位与磁铁上端的准直基准点之间的关系,这些尺寸关系要求精度很高,一般要求不大于10 μm的精度,所以在测量时不允许地基发生大的变化,如果地基太"软",地基就会不断变化,不可能使磁铁上各个部位的相对关系得到精确测量,所以在实际准直工作开始之前,高能所的准直测量组进行了很多次试验。实验的一个重要内容是监测质量很大的磁铁压到预准直支架上以后地基的变化情况,另一方面是考察经过吊装、起运后磁铁的各个部位之间的位置是否发生了变化。本系统的测量任务是监测地基的变化情况。

试验的步骤是,将已有的一个二极实验磁铁放置在准直支架上,采集地基变化的数据，待测量完磁铁关键部位的位置关系尺寸后，用行车吊起这块磁铁，放置在拖车上，在室外的道路上行驶一段距离以后，再将磁铁放回预准直支架上，检查磁铁上关键部位的位置是否发生变化。这样的试验进行若干次，最后将结果汇报给有关负责人以确定这套方案的可行性。

在北大厅安装了一个有5个钵体组成的HLS系统，监测地基的沉降变化，钵体的编号从5号到9号。5号钵体固定在大厅墙体一个承重柱上的支架上，它将作为系统中其他钵体的参照点，6号钵体到9号钵体依次安装在大厅地面支架上，其中7,8和9号钵体在磁铁支架附近，8号钵体离磁铁支架最近，示意图见图8.10。

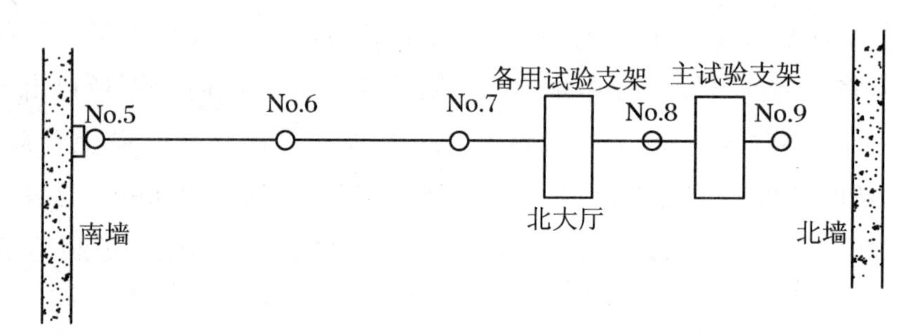

图 8.10　北大厅 HLS 示意图

2004年10月28日系统调试完成并开始采集数据，第一阶段采集的数据从10月28日到11月25日，采数的时间间隔为5 min采集一次。将每个钵体的位置变化画成图形表示，见图8.11，可以清楚地看到地基的变化情况和试验次数之间的关系。

10月28日到11月2日支架上没有放置磁铁，地基缓慢变化，这些变化可以理解为温度等其他因素的干扰，而7号和8号钵体位置有较明显的下降趋势，主要是在它们附近安装测量仪器，比如激光跟踪仪等，以及其他物体的压力引起的。11月2日进行了第一次压磁铁实验，这一天8号和9号钵体所在位置发生非常明显的下沉，都有0.4 mm的沉降量。其他钵体变化不大。11月4日将磁铁吊起进行运输实验，这时地基又有明显的反弹，当天又把磁铁放回了支架上，所以又一次引起地基下沉。11月6日和7日连续两天都做了磁铁的吊起、放回的试验，然后准直组进行数据分析等，直到11月19日又做了一次试验。在磁铁放置在支架期间地基也缓慢地下沉，下沉量每天在几微米到几十微米不等，另外由于当时天气干燥，日温差

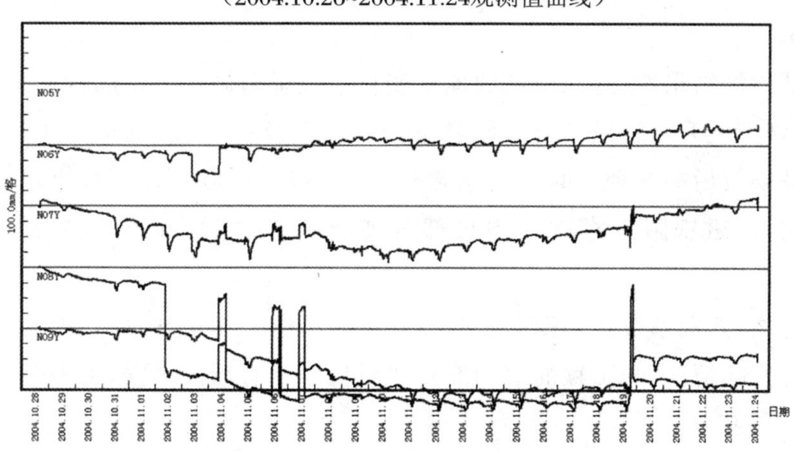

图 8.11　北大厅地基沉降检测

比较大，所以温度也引起地面的高度一些变化，这个变化的周期接近 24 小时。大厅里一些位置地基的变化趋势和变化量比较复杂。在 6 号钵体所在位置还出现了地面缓慢隆起的现象。

准直测量人员更加关心的是，在磁铁安放在支架以后的一段时间内，地基的变化速度是多少，什么时候能够得到相对稳定，以及变化量有没有影响准直测量精度等。这可以抽取安放磁铁以后那段时间内的数据进行分析。现在以 11 月 7 号到 8 号之间的试验时各个钵体所在位置的沉降变化为例（如图 8.12），分析地基的变化情况。

11 月 6 日在支架上安放磁铁以后，8 号钵体所在位置地基沉降最多，和初始位置相比下降了 0.7 mm，9 号位置次之，达 0.45 mm，7 号位置下降 0.2 mm，而 6 号位置很小，只有几十个微米。11 月 7 日将磁铁吊走以后，几个位置的地面都有反弹，8 号位置的反弹也是最大的，达到 0.45 mm，9 号位置反弹 0.25 mm，7 号和 6 号位置反弹也相对很小。在磁铁吊开这段时间里，几个位置的地面都有不同量的缓慢反弹，最大的缓慢反弹量有 40 μm。随后磁铁重新安放，几个位置的地基又开始遽然下降，7，8，9 三个位置的地基基本下降到起吊前的位置。此后的几十个小时地基的变化是缓慢进行的，在遽然下降后，经过 14 个小时的缓慢反弹，达到反弹的最高值，几个位置都反弹了大约 50 μm，此后除 6 号位置外，都进入了缓慢下沉状态。又经过大约14小时，可能是受到人员走动或者安装仪器的影响，有大约3个小时的不太规则的升降过程，此后进入相对稳定状态，地基的升降不超过20 μm。

从检测结果看，这几个点的地基变化情况随着磁铁的吊起和安放，可以分成“剧烈上升—缓慢上升—剧烈下降—缓慢反弹—趋于稳定”几个阶段。在磁铁安放后的5个小时内的缓慢反弹量不超过30 μm，但是地基的变化不均匀，在磁铁附近靠大厅中央部分变化比较激烈，在准直测量时应该注意。

总之，两套系统在BEPCⅡ的两个不同场所工作正常，所获得的测量数据符合实际情况，为工程的前期准直测量提供了有用的数据，也为工程的决策提供了参考。

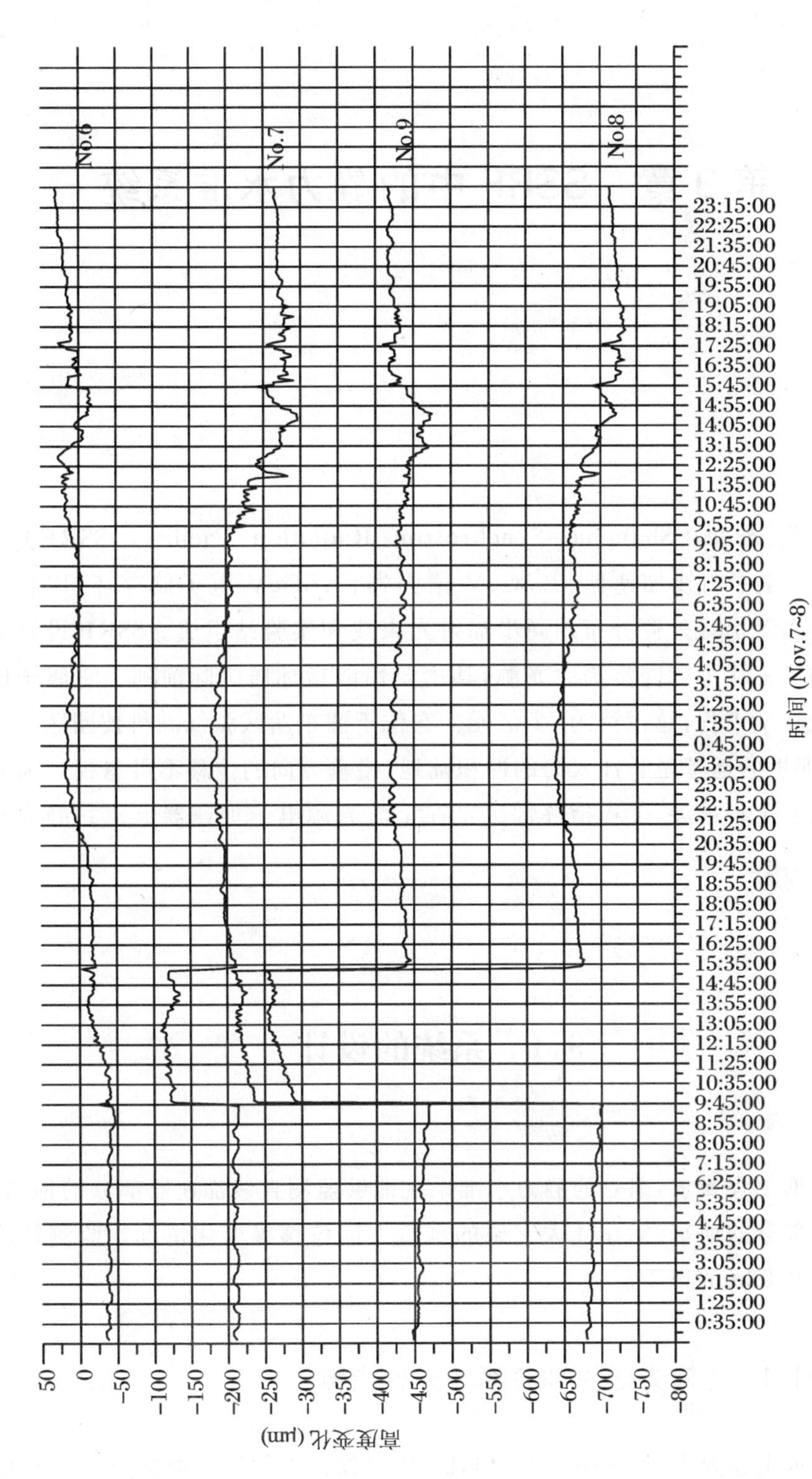

图 8.12　2004年11月7日到8日北大厅地基变化

第 9 章　SSRF 中的静力水准系统

上海光源（Shanghai Synchrotron Radiation Facility，SSRF）由150MeV 电子直线加速器、3.5GeV 增强器、3.5GeV 电子储存环(周长为432 m)以及沿环外侧分布的同步辐射光束线和实验站组成。SSRF 设计为先进的第三代中能同步辐射光源，其主要性能指标居国际前列。它属于国家重大科学工程，总投资约 12 亿元。它位于浦东新区张江高科技园区的西南部，那里的地基是长江入海的冲积陆地，铅垂方向的位移不可忽视。随着上海光源工程进展，工程指挥部决定在上海光源电子加速器上建立静力水准系统。

9.1　系统的设计

根据工程要求，建立的静力水准系统能够监测直线加速器部分的地基、增强器部分的地基、储存环大支架的垂直方向位移等变化情况。监测精度应该在 0.02mm 以下。

9.1.1　上海光源的 HLS 系统设计指标

根据上述要求，对 SSRF 中的 HLS 传感器提出的设计指标为

传感器测量灵敏度：　0.001 mm
单点测量精度：　±0.005 mm
两测点高差测量中误差：　<±0.01 mm
量程：　±5 mm

9.1.2　传感器设计

在前面介绍的为 BEPCⅡ研制的基于 CCD 的高精度 HLS 系统的基础上，根据 SSRF 的实际情况，进行了结构上的改动。最大的改动是将水管和气管合一，即将原来的全充满系统变成半充满。另外，连通管采用不锈钢管。这样改的目的是降低安装的难度，另外可以排除许多不利因素的干扰。后面还将提到，该系统比较复杂，如果还采用软管连接，气泡等影响因素很难排除。

用于 SSRF 中的 HLS 钵体传感器的结构图及传感器产品照片见图 9.1。

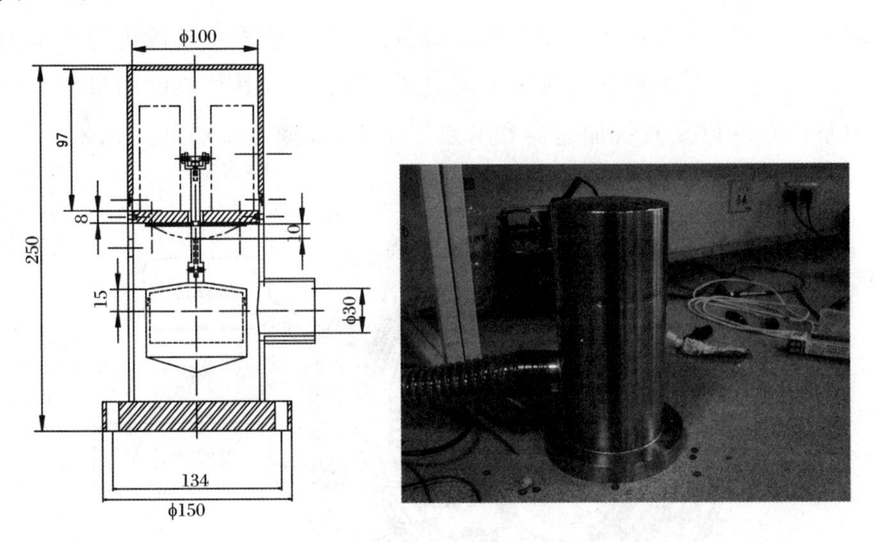

图 9.1　钵体传感器结构图及传感器照片

9.1.3　SSRF 的 HLS 布局

作为一个复杂的大科学装置，上海光源主体由直线加速器、增强器、储存环以及沿电子储存环外侧分布的同步辐射光束线和实验站等子系统组成，每个子系统又是由许多复杂的设备组成，以储存环为例，对安装定位精度要求较高的元件包括 200 块四极磁铁、140 块六极磁铁、40 块二极磁铁、140 多个束流位置探测器、3 个超导高频腔等，定位精度均应优于 0.15 mm，其中位于同一支架上的四、六极磁铁的横向相对安装定位精度应优于0.08 mm。不仅仅在安装过程中要满足安装进度的要求，在机器建成运行后要不断监测一些关键点的位置变化，这时静力水准系统的使用尤其显得必要。

经过研究决定，在直线加速器和增强器中，只对地基进行监测，监测点的位置尽量靠近隧道墙壁，以尽量减少对空间的占用；在储存环中将有选择地监测 20 个典型支撑(GIRD)，其中一个单元上的三个典型支撑每个上面安装三个 HLS 传感器，其他支撑上各安装一个 HLS 传感器，但是另外两个监测点的传感器支撑板仍然预留，为以后的 HLS 系统扩容留有接口。系统的水、气连通管采用 $\Phi40$ 直径的水管。为了使测量工作连续和可靠、数据的连续性，以及以后安装拆卸方便，在每个预留测点都设有球阀，由于经费的原因，不可能所有预留测点都布设传感器，为了让有限的传感器观测到更多的有用信息，我们可能会频繁更换观测点，对某些重点地段更为仔细的监测，所以要求在更换测点的时候不需要关机，不影响其他点的测量。上海光源的整体布局以及直线加速器和增强器中 HLS 测点布局见图 9.2。

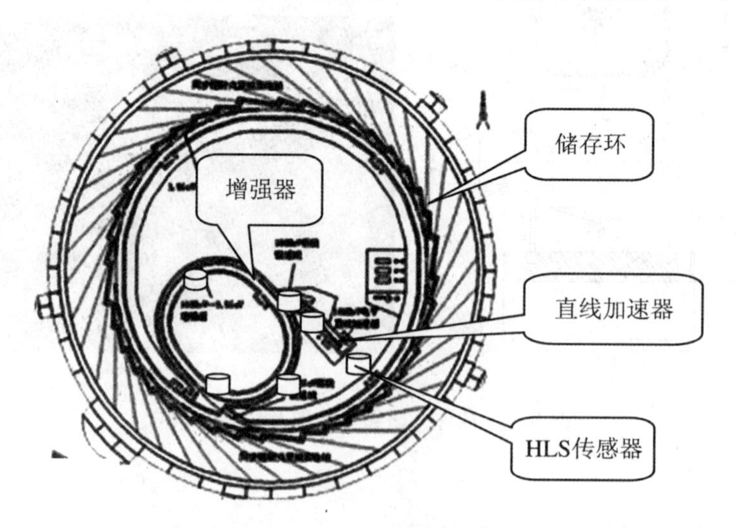

图 9.2 上海光源总体布局以及直线、增强器中的 HLS 测点

储存环中每个支撑在预准直之前安装好水管。由于有五种标准支撑，

水管在支撑上的布设也有不同。图 9.3 显示的是其中一种支撑的水管及测点布局方法。

水管沿着支架下板上沿布置，距地面高度 374 mm，由于支架外侧空间相对比较松，主水路也将沿外侧布置，并且在每个支撑外侧布置 2 个测点，内侧的空间较挤，而且还有电缆桥架，因此测点的布置位置小，水管从外侧绕行至内侧，只布置一个传感器。

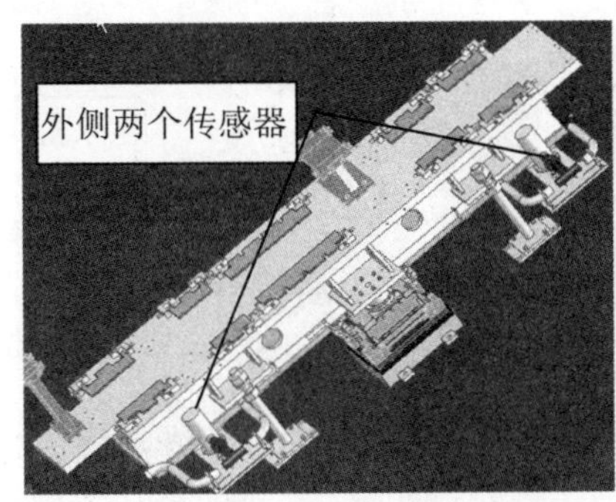

图 9.3　A1 支撑上水管及测点布局

典型外侧测点布局如图 9.4，支架内侧的布局如图 9.5。

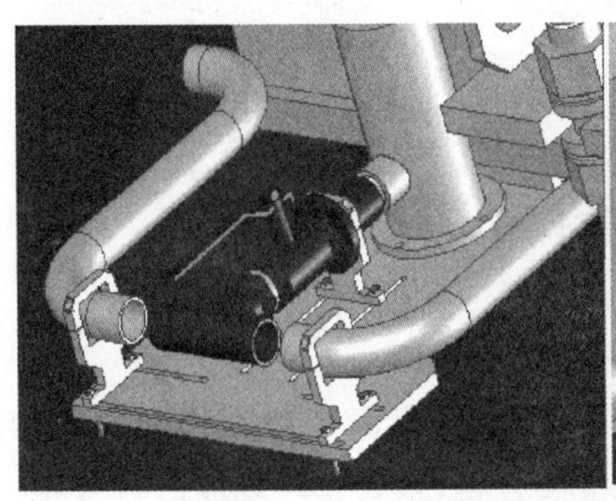

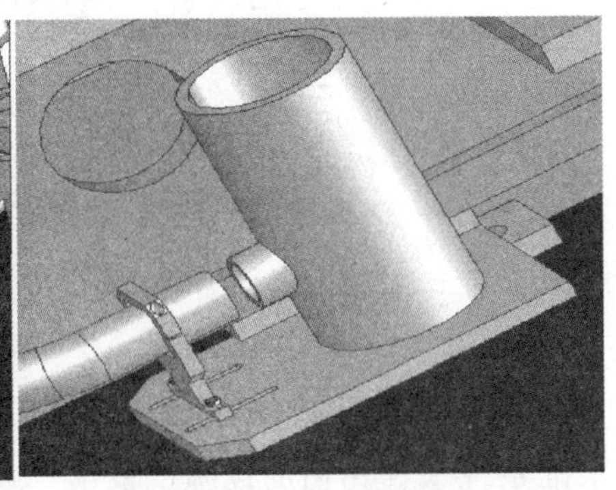

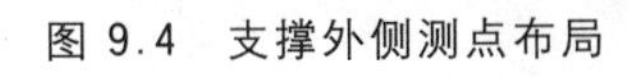

图 9.4　支撑外侧测点布局　　　　图 9.5　内侧测点布局

HLS 系统的每个钵体传感器都采用 220 V 电源提供能源，所以只要在有传感器的地方有 220 V 三相电源插座就可以保证供电。电缆的走线可以利用现有的电缆桥架。

每个传感器都有一根信号传输线与系统的信号总线联结。信号总线可以从现有电缆桥架走线，每个传感器的信号线并联到该总线上即可。

信号采集箱可以放置在便于人员进入进行采数的位置，现在预设的控制室里的控制柜就可以。一个 20 cm×40 cm×50 cm 的空间就可以放置一个用于整个系统的数据采集箱。

注水系统分主水箱和注入水箱，是用于给系统注入工作液体和从系统中吸出液体的。主水箱可以放置在非辐射区中，其水管可以从地下预留沟里通过。在两个水箱的出水口各安装一个阀门和水泵，用于向系统注水和吸出系统中的水(如图 9.6)。

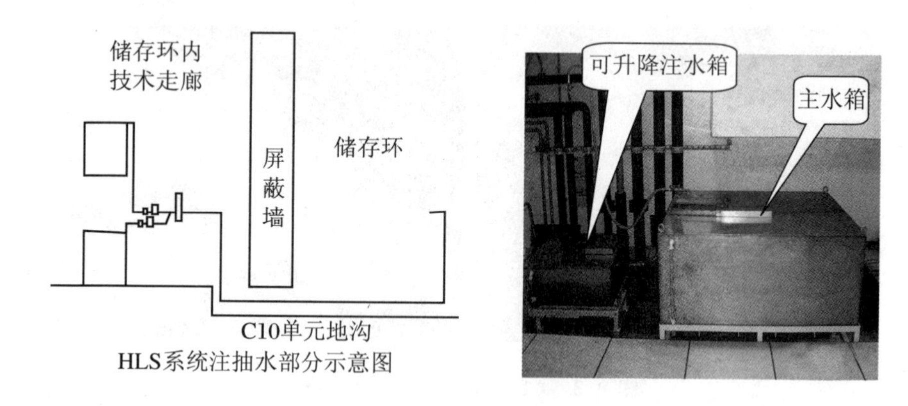

图 9.6 注抽水系统设计示意图

9.2 系统的安装

2007 年 8 月开始，由上海安装公司负责，在上海光源工程现场开始静力水准系统水管和辅助设施的安装。按照方案，水管是在现场进行焊接、装配的(图 9.7)。

2008 年 6 月～7 月，利用上海光源停机调试时间，对上海光源静力水准系统进行全面安装和调试，现场照片见图 9.8。

整个系统很大，结构也比较复杂，为了在给系统加水过程中观察水位情况，还加工了 6 个透明的带有水位尺寸的钵体，分别安装在直线、增强器和储存环中(图 9.9)。由于加速器运行时产生的电离辐射可能对传感器的电子线路部分产生伤害，特意设计加工了防护铅帽，扣在传感器的上端的电路部分(图 9.10)。

图 9.7　工人现场焊接水管

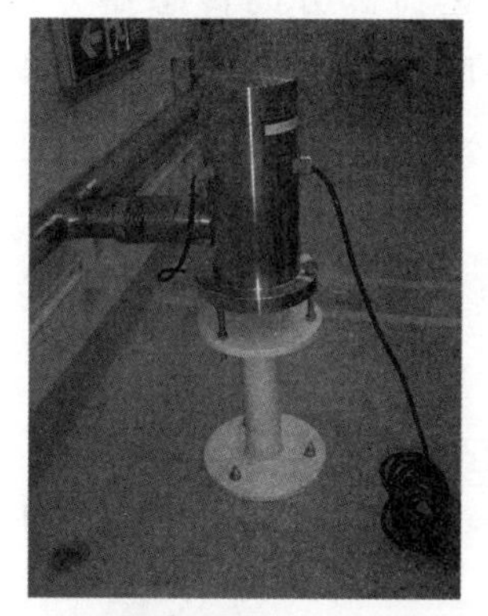

(a) 直线加速器中的传感器

(b) 增强器部分的传感器

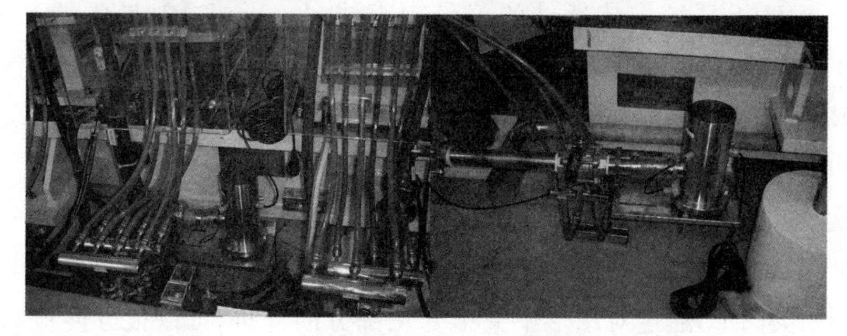

(c) 储存环中支架上的传感器

图 9.8　系统中的传感器

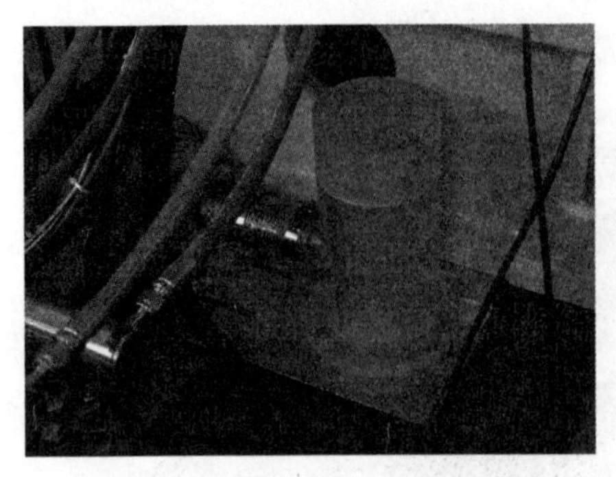

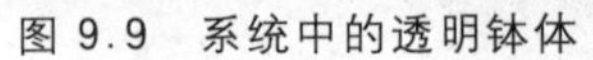

图 9.9 系统中的透明钵体

图 9.10 防辐射铅帽

按照原计划，直线加速器-增强器中用于监测地基的 HLS 测点与储存环中用于监测支撑变化的 HLS 测点构成完整的一套 HLS 系统，但是由于增强器-直线部分的地基和储存环部分的地基高程有差异，而增强器部分由于受到空间限制，水管安装在支架下面，水管调高受到限制，为了解决这个问题，决定将储存环部分和增强器-直线加速器部分的传感器分成两个系统，并在增强器和储存环隔离墙靠增强器一面建立两个相邻传感器，之间用阀门隔开，分别属于两个系统，便于直接比较两个系统的高程变化。

9.3 测量数据分析

整个 HLS 系统中传感器的编号为直线：LA1～LA2；增强器：BS1～BS6，其中增强器和储存环隔离墙靠增强器一面建立的两个相邻传感器编号为 BS5 和 BS6；储存环 C1～C20（其中 C14 有 9 个，分别为 C141～C149）。直线和增强器部分中传感器的编号图见图 9.11。

这里以 2008 年 9 月 8 日至 2008 年 11 月 25 日共 78 天的数据为例，对系统测量数据进行相关分析。对静力水准系统测量结果的分析，最直观的手段是绘制相关图形，通过对图形中突出变化部分的分析，可以很方便地掌握该部位随时间或者事件的变化情况，具有针对性地解决变形超出预期的问题。

在这段时间里每 20 min 采集一次，共采集数据 5 608 条。每条数据包括所有传感器的高程和温度读数。

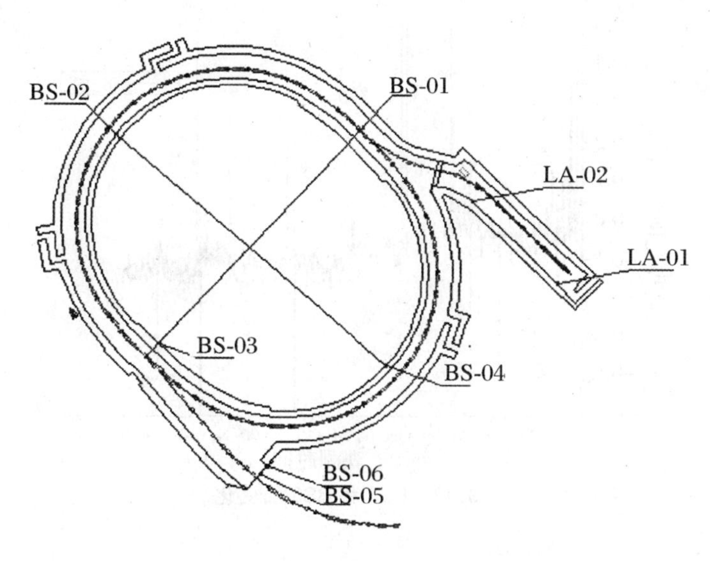

图 9.11　直线和增强器中传感器分布图

时域分析是以时间为横坐标,各个传感器的测量数据为纵坐标绘制图形。可以根据需要绘制很长时间的变化图形,也可以截取部分时间内,对特殊事件引起的变形进行分析。对于本例,从 2008 年 9 月 8 日至 2008 年 11 月 25 期间长期变化情况见图 9.12 至图 9.14 。

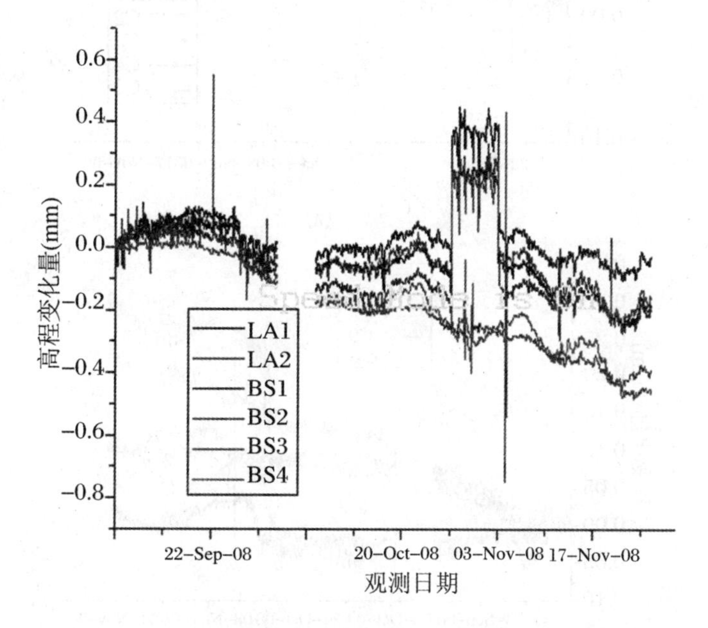

图 9.12　直线和增强器部分地基变化(彩图请参见彩页 i)

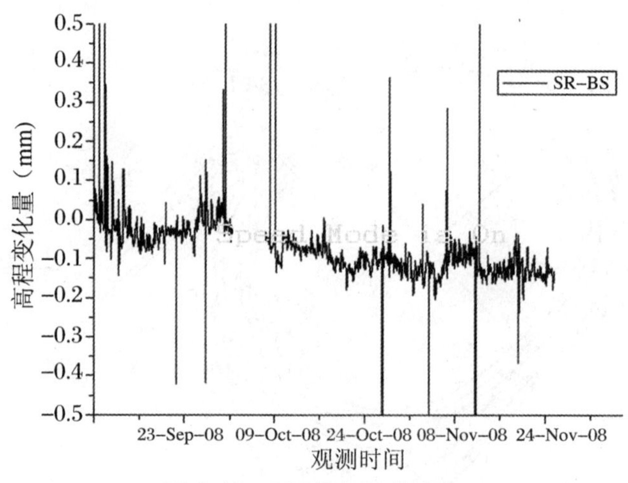

图 9.13 BS5 和 BS6 的变化

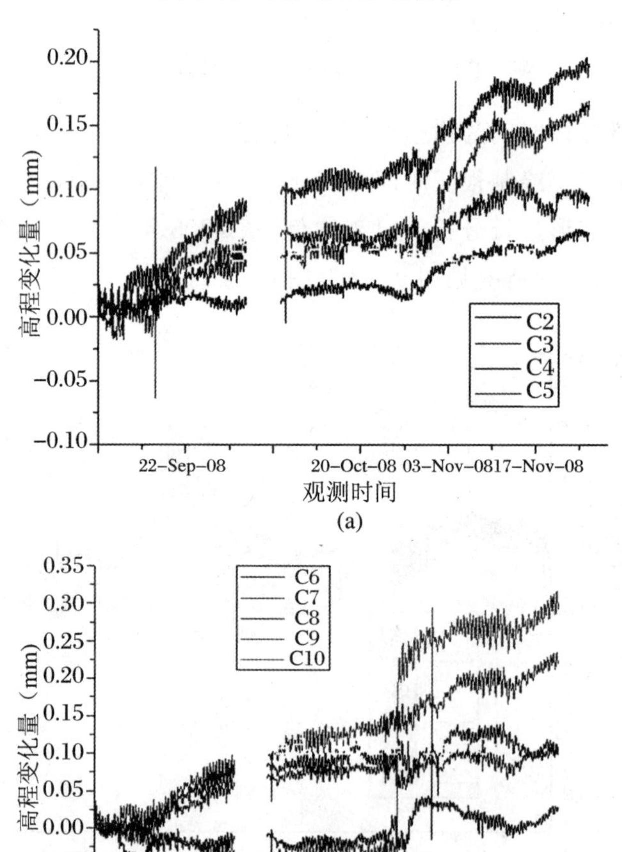

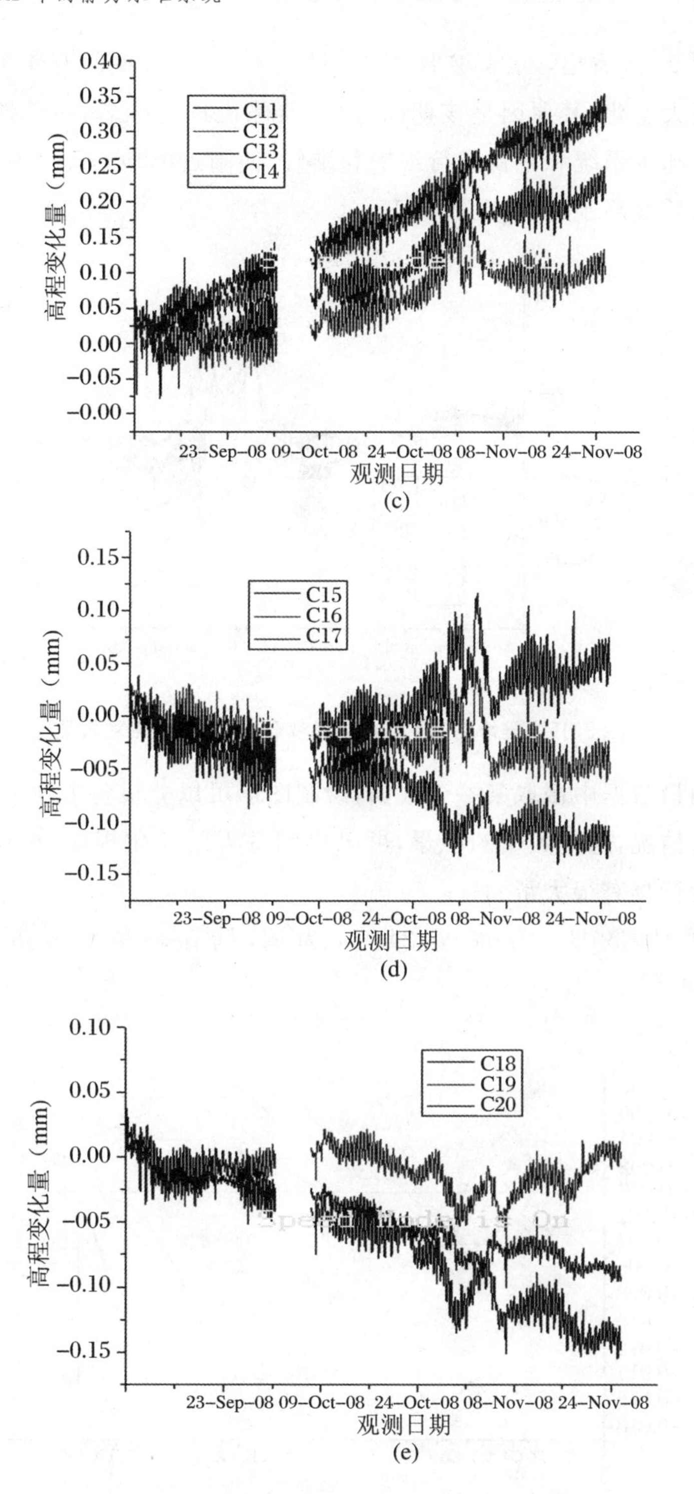

图 9.14　储存环中各个传感器部位的变化(彩图请参见彩页ⅰ和彩页ⅱ)

由图 9.12 看出，2008 年 10 月 28 日至 11 月 3 日期间有 4 个传感器读数发生很大变化，其原因是该期间，加速器停机进行维修，对该四个传感器附近的冷却水系统和磁铁进行维护和维修，使附近的地基高度发生变化，待检修完成后又趋于稳定，见图 9.15。

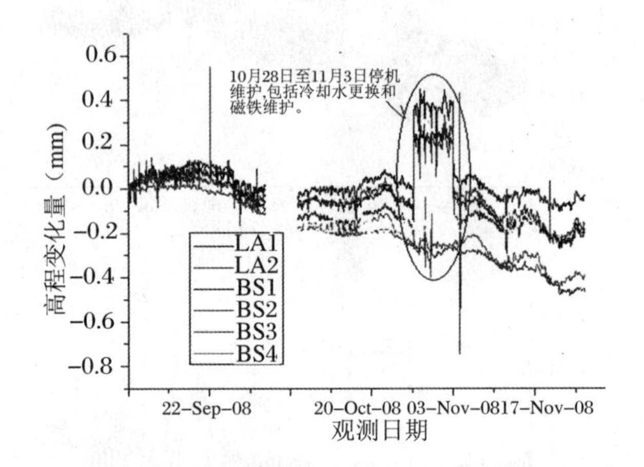

图 9.15 维修期间引起的地基变化(彩图请参见彩页 iii)

从测量数据中截取某一天数据，绘制图形可以分析各个测量点 24 小时内的变化情况，通过数据的积累，可以得到每天的变化规律，对粒子加速器的调机运行具有很大帮助。

以 9 月 23 日 00：00 至 24：00 为例，储存环各个测点变化情况如图 9.16。

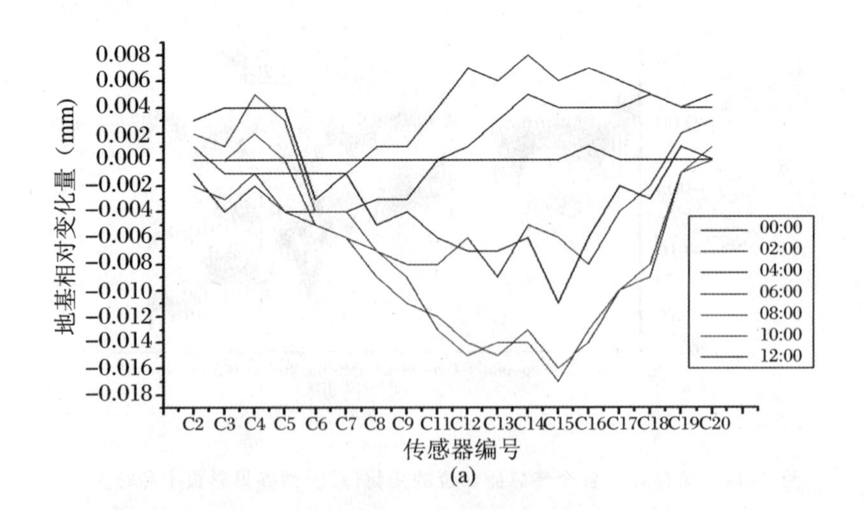

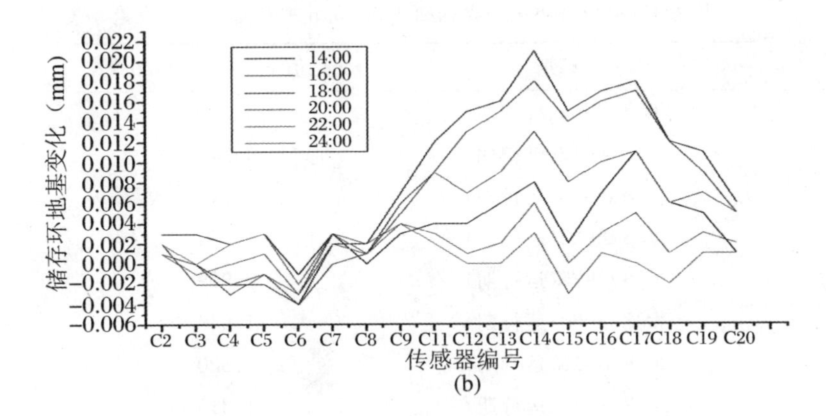

图 9.16　各个测点一天内的变化(彩图请参见彩页 iii)

从上图可以看出，储存环 C9～C18 单元相对 C1 的变化比较明显，其中 C14，C15 也就是光源的西面方向的变化较大，幅度从 − 0.016 至 + 0.02，P-P达到 0.036 mm。表现为较明显的以天为周期的波动。图 9.17 显示的是 2008 年 9 月 23 号储存环中各个点相对于 C1 点的变化三维图形。

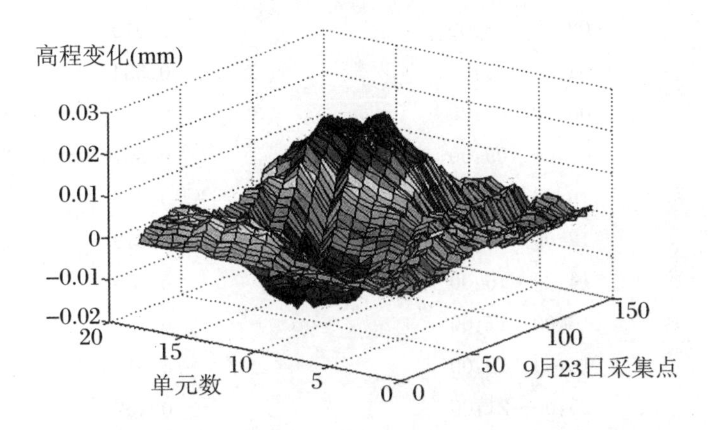

图 9.17　各点在 9 月 23 日相对 C1 的高程变化量

静力水准系统测量的结果还可以用来评价建筑地基的稳定性，考察建筑的稳定性指标能否满足加速器和其他机器运行的要求。表 9.1 和表 9.2 分别是加速器储存环不同日期内每天每 10 m 相对变化及统计量和储存环 10 月 8 日不同时间段内每小时每 10 m 相对变化及统计量。通过分析地基在不同时间长度内的变化(这里是以一天和一小时作为时间分析长度)，结合机器对稳定性的要求，可以确定地基能否满足机器正常和长期的稳定运行要求。

表 9.1 储存环不同日期内每天每 10 m 相对变化及统计量

日期	变化值 σ(μm /10m/day)
2008-09-08(维护期)	4.350
2008-09-13(维护期)	4.214
2008-09-20(运行期)	2.041
2008-09-23(运行期)	1.584
2008-09-25(运行期)	0.899
2008-09-30(运行期)	1.540
2008-10-10(运行期)	3.520
2008-10-15(运行期)	1.313
2008-10-20(运行期)	0.695
	均方根值:2.606

表 9.2 储存环 10 月 8 日不同时间段内每小时每 10 m 相对变化及统计量

时间(h)	变化值 σ(μm /10m/hour)
00:00~01:00	0.497
02:00~03:00	0.519
04:00~05:00	0.534
06:00~07:00	0.519
08:00~09:00	0.807
10:00~11:00	0.536
12:00~13:00	0.618
14:00~15:00	0.989
16:00~17:00	0.636
18:00~19:00	0.519
20:00~21:00	0.462
22:00~23:00	0.497
	均方根值:0.617

从本章的实例可以看出,根据测量目的设计合理的静力水准系统以及传感器只是完成了一小部分的工作,还要进行合理的传感器布局和安装调试;对测量数据还要进行合理的分析,对出现的差异性现象要结合实际情况进行合理的解释,对关心的相关指标提出合理的建议等。静力水准系统虽然是变化后的监测,但是通过相对长时间的测量,可以得到变化的规律性,对后续的变化提出预见性建议,对不能满足工程需要的建筑提出整改要求。

第 10 章　静力水准系统在民用建筑上的应用

静力水准系统除了广泛应用在科学研究装置上，在民用建筑上也得到越来越广泛的应用。本书前面的内容主要讨论的是高精度的静力水准系统，它们主要应用在大科学装置上，精度一般在微米量级甚至更高，量程在几个毫米范围以内；应用在民用建筑上的静力水准系统精度要求一般稍低一些，但是测量范围往往要求大一些，一般从十几到几十毫米。民用建筑包括大坝、桥梁、核电站等。为了使读者对静力水准系统应用领域较为全面的了解，本章列举几个例子，这些实例并不一定代表静力水准系统的最新发展成果，但是可以展现静力水准系统广阔的应用前景（实例来源见参考文献：103～106）。

10.1　系统在大坝变形监测中的应用

实例 1：静力水准系统在牛路岭大坝的应用。

牛路岭水电站位于海南省万泉河支流乐会水上游琼海市会山镇境内。该工程是以发电为主兼顾防洪等综合效益的水电站。拦河坝为混凝土空腹重力坝，最大坝高 90.5 m，坝顶高程 115.5 m，坝长 341.2 m，大坝共分 24 个坝段，编号为 0～23 号。1～8 号和 17～23 号为非溢流坝段，8 号坝段设放空管，10～16 号坝段为空腹重力坝，空腹内设主厂房。大坝布设了一套较全面的观测系统，其中 85 m 高程廊道内布置一条监测 6～20 号坝段的垂直位移的静力水准系统，采用国家地震局研究所研制的 JSY-1 型液体静力水准系统，该系统用的是前面阐述的接触式电感式传感器。监测时由计算机自动巡测，也可选择点测，通过一台 JSY-2 型数字位移测量仪遥控转换选择测点，将大坝坝体相对工作基准点变化转换成电信号输出，经计算机软件处理，最后将坝体相对变位高差显示、打印、存盘、绘图、制表等。仪器的主要技术指标为

液位灵敏度：0.01 m

读数精度：目测和电测均为 0.01 mm

两测点高差测量中误差：≤±0.1 mm

量程：±15 mm

传输距离 1 km

记录方式：微机采集、数显读数、模拟可见记录

环境条件：温度为 4 ℃～35 ℃；湿度为 100%

仪器的静力水准测点布置在 85 m 高程廊道中，右起 6 号坝段，左起至 20 号坝段，全长 192.5 m，共设置 20 个测点。6 号坝段设置 3 个测点，10 号、16 号、20 号坝段设置 2 个测点，其余坝段各设置一个测点，均安装在坝段的中间上游侧，其工作基准点设在 6 号坝段 1 号测点。每天 8 时对该系统采集巡测一次，并保存。系统运行 6 年后，对比较稳定的 10 号坝段 J6、J7 两测点自动化监测与人工观测位移进行对比分析，见图 10.1 和图 10.2。从图中可看出，人工测值过程线没有明显的周期变化规律；自动化测值过程

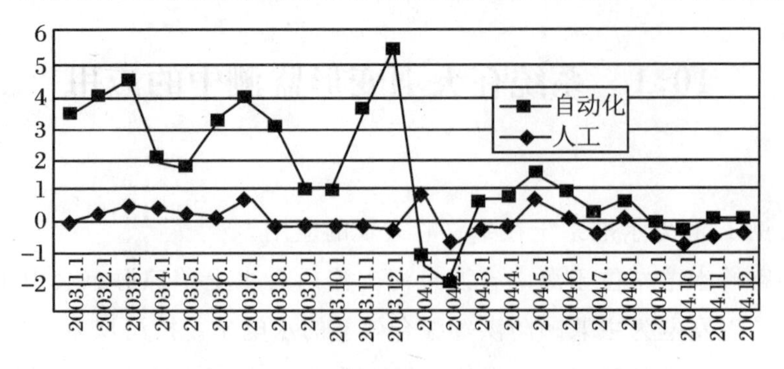

图 10.1　J6 号传感器测量与人工水准测量结果

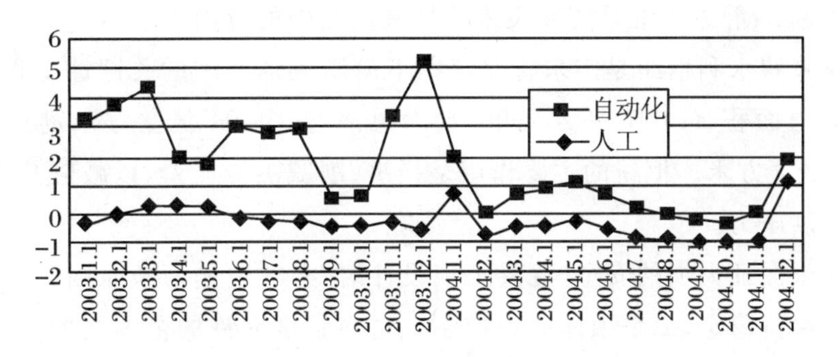

图 10.2　J7 号传感器测量与人工水准测量结果

线 2003 年 11 月至 2004 年 1 月，测值有跳跃式，加强巡视检查与监测，通过资料分析，坝体垂直位移主要受温度的影响。拦河坝段，主要是空腹与坝体面直接受气温的影响，因此，过程线有较明显的变化规律。一般影响大坝坝体位移的外因是水位和温度变化。再参考牛路岭库水位和气温过程线，见图 10.3 和图 10.4。库水位对坝体的影响不大，唯有气温呈现一定的变化规律，坝体的垂直位移随温度变化而变化。从图中看出，坝体冬季下沉，夏天上升，变化规律和气温变化规律相符。自动化监测总体上是可靠的，而人工测值精度不够，主要是目视测微器误差较大，很难反映出坝体位移变化规律。

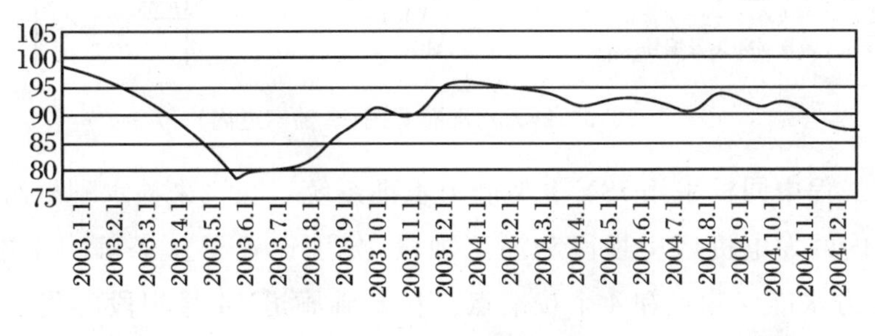

图 10.3　水位过程曲线

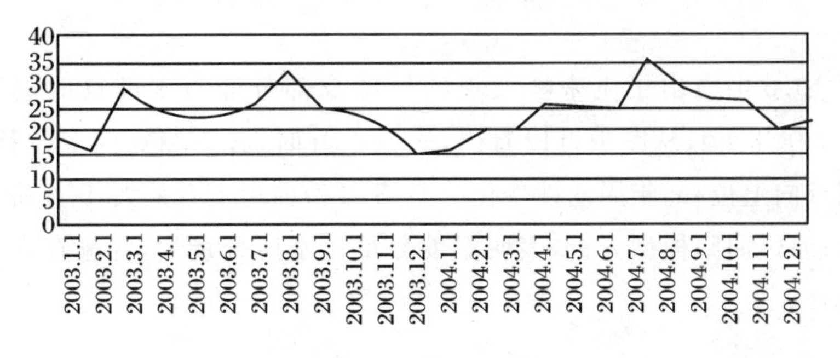

图 10.4　温度过程曲线

实例 2:静力水准系统在飞来峡坝基监测中的应用。

飞来峡水利枢纽是广东省北江中下游防洪体系中的关键性工程,坝址以上集雨面积 34 097 平方公里,水库总库容 19.04 亿立方米,防洪库容 13.07 亿立方米。枢纽的主要作用是拦洪、削减洪峰流量,以减轻其下游堤防的防洪压力。

为了保证大坝的安全,混凝土坝设计时,必须遵循两条原则:一是坝体和坝基保持稳定,二是坝体应力控制在材料强度允许的范围之内。因此在大坝上设置了静力水准系统,其目的是为了监测大坝基础的竖向变形,以便随时掌握坝基的稳定性。静力水准系统传感器的布局见图 10.5。

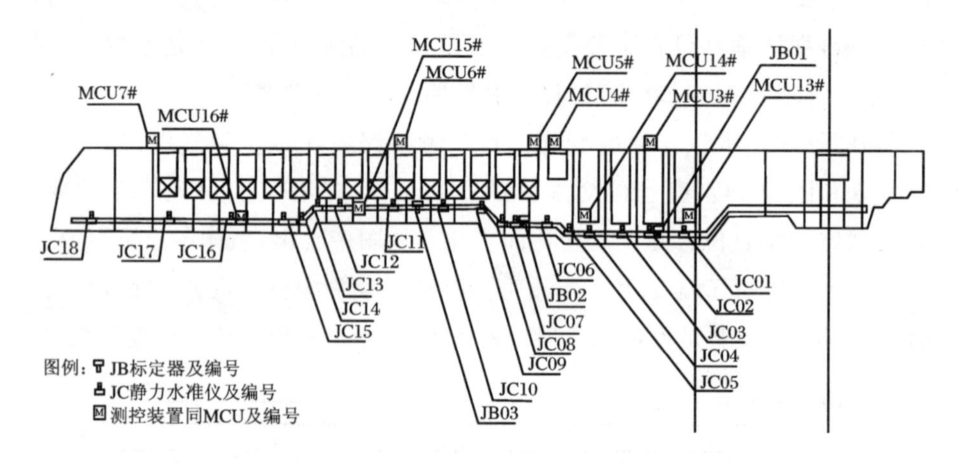

图 10.5 静力水准布置图(基础廊道内)

该工程中同样采用 JSY-1 型静力水准系统。在飞来峡水利枢纽大坝基础廊道内的发电机厂房坝段和溢流坝段,分别设置了 4 条静力水准线,共 18 个静力水准仪测点和 4 个校准点。在基础廊道 14 号坝段的集水井旁建有一孔双金属管标,用以监测坝基竖向位移的静力水准系统,提供测量的基准值。

图 10.6 中给出了飞来峡大坝的气温及部分静力水准仪的测量成果(2001～2003 年),从图中可以看出,水位上升时,各个测点向上位移、温度上升测点向上位移,年周期性变化明显,3 月份前后上升最大,9 月份前后下沉最大;通过回归模型分析,表明温度分量比水压分量大,普遍存在少量的时效位移。

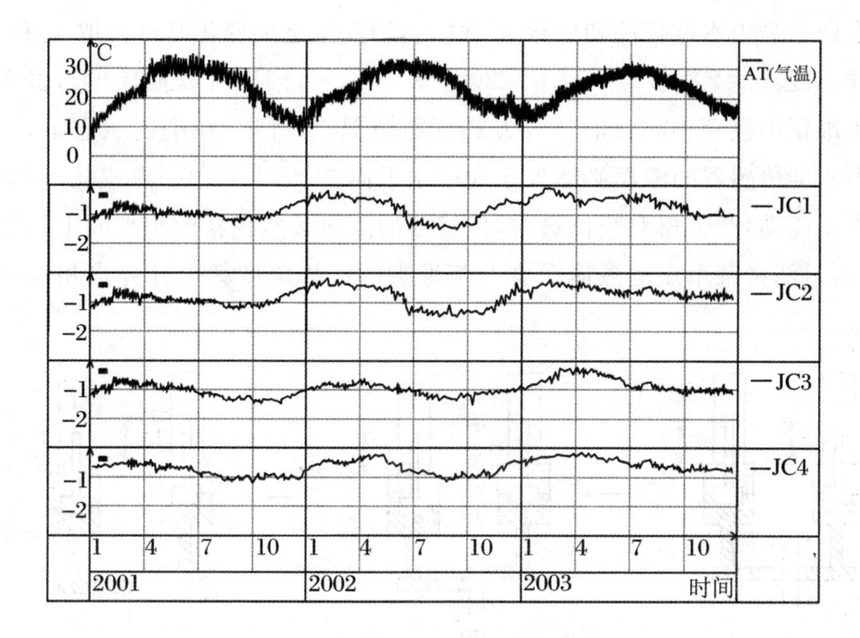

图 10.6　部分静力水准测量成果

10.2　系统在桥梁工程中的应用

静力水准系统测试桥梁挠度的基本原理,就是利用液体在连通的管道中,由于重力的作用,在不同位置的液面高度会相同。对于最小的静力水准系统至少需要两个静力水准传感器,其中一个布置在参考点(即不会有挠度变化的点,通常是桥墩或桥头),另一个布置在待测点。两个静力水准仪通过液管连接在一起,并加入适当的液体使得液面高度处于量程的中间位置。这样当待测点发生挠度时,两个静力水准的液面相对于其筒体的位置就会变化,测试这种变化就可计算出待测点相对于参考点的位移,从而达到测试桥梁挠度的目的。

图 10.7 表明了两个静力水准的测试过程。假定左侧的静力水准布置在参考点,右侧的布置在待测点。从左到右描绘了当待测点发生挠度变化时,液面的变化情况。同时从图中也可看出该如何计算挠度的值,即首先要

读取两个静力水准仪的初读数 x_1 和 x_2，当发生挠度变化时再读取 x_1' 和 x_2'，这样挠度：$h = 2 \times | x_1 - x_1' | = 2 \times | x_2 - x_2' |$。同理可以推导出当多个静力水准仪串接到一起时的计算方式。如图 10.8 所示，在平衡状态下，每个静力水准传感器的液面必然处于同一水平面上，但当其中一点或几点(但基准点不能动)产生相对竖位移时，传感器的液面必然在新的水平面上达到平衡，通过测量某个点的液体深度及基准点的液体深度就可计算出相应点的挠度。

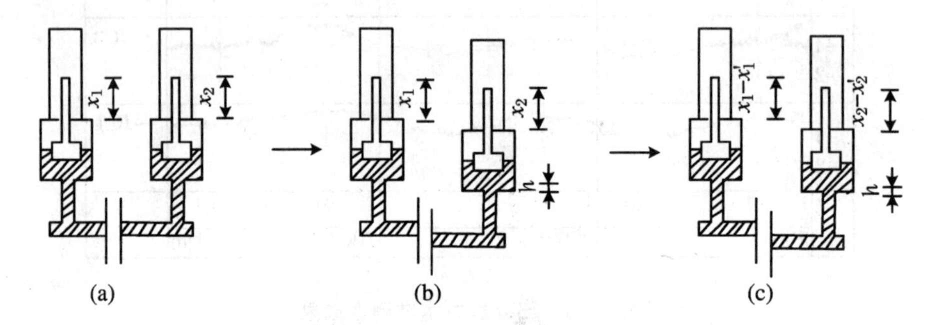

图 10.7 两个传感器的静力水准系统测试挠度示意图

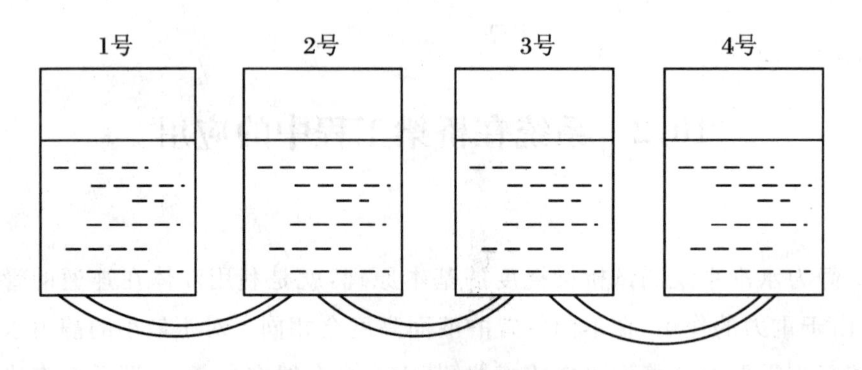

图 10.8 多传感器系统测试挠度原理图

漪汾桥是太原市横跨汾河的第二大桥梁，大桥全长 1 135 m，主桥长 462 m，桥面总宽度 22.5 m。主桥结构为中承式拱桥，拱跨 66 m，共 7 孔。主拱圈为钢筋混凝土箱形拱肋结构，拱轴线为二次抛物线，矢高比为 1/ 4 ，设在行车道与人行道之间。桥面系在拱的跨中范围内为钢吊杆，悬吊在钢筋混凝土横梁上，每根钢吊杆由 48 根 $\Phi 5$ 的钢丝组成，每跨共有吊杆 30 根，左右各 15 根，在拱的跨端范围支撑在拱的立柱上。大桥于 1992 年年底竣工，因大桥长期超载运行造成桥面系主次梁存在大量裂缝及部分吊杆锈蚀严重等，而且桥梁宽度也不能满足日益增加的交通流量的需要，需对桥梁进行改造施工。对拱圈变形监测采用静力水准系统监测拱圈的竖向位移，静力水准点的布设见图 10.9。

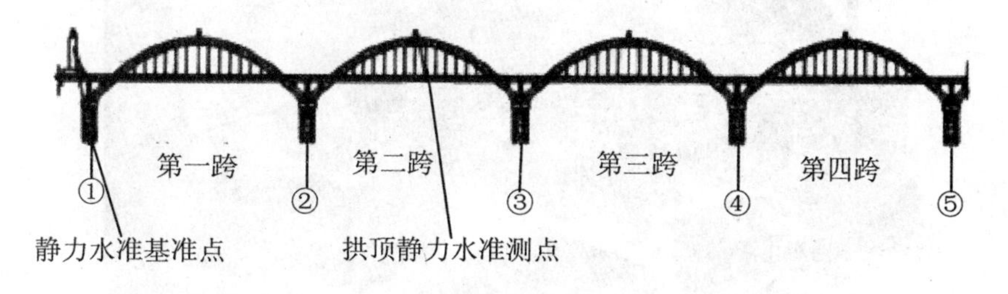

图 10.9　静力水准系统测点布设示意图

在上下游拱顶位置设置静力水准测点，并在东桥头引桥上设置基准点，测试时间选择在凌晨车辆干扰最小的时候进行，测试选用的是长沙金玛 JMDL26210A/HAT 型静力水准仪，其测试精度为 0.01 mm。通过上述方法，成功地实施了该桥梁的施工竖向挠度的监测。

10.3　系统在核电站中的应用

国家对辐射防护有着严格的法律规定，使人体免遭电离辐射的伤害。但是作为核电站中的核心，核反应大厅的电离辐射非常强，工作人员只有在特殊情况下，在采取了特别严格的保护措施后才能够进入。同时核反应大厅作为一个建筑物也有诸如变形、沉降等问题。如果建筑物变形或者沉降超过一定的范围，势必影响核电站的正常运行，甚至引起更大的灾难。因此在核电站中，大量采用了自动监测手段，对一些关键建筑、设备进行长期的位移监测。

图 10.10 是捷克的 Temelin 核电站的剖面示意图。它拥有一个 1 000 MW的蒸汽发电机，建筑分为两层，上层安装发电机组，下层是核反应大厅。两层之间的高度关系用铟瓦钢制成的参考点保证。参考点进行定期观测，确保两层之间的高程关系在允许范围之内。在发电机组所在的一层，

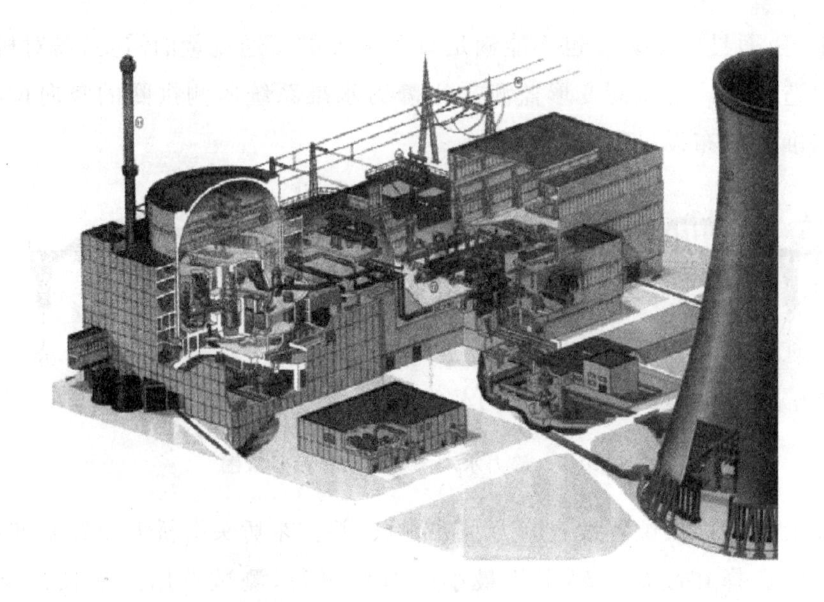

图 10.10 捷克 Temelin 核电站示意图

发电机主支撑面和地面两个高度层的高程关系要求也相当严格，因此需要建立两个静力水准系统分别监测这两个高度面内部各个点的变化，以及分别对应到铟瓦钢参考点上。发电机组一层的照片见图 10.11。

图 10.11 Temelin 核电站发电机组车间

在支撑高度面上布置一套系统主要是监测各个点的高度变化，以保证发电机的平衡。该系统的布局见图 10.12。

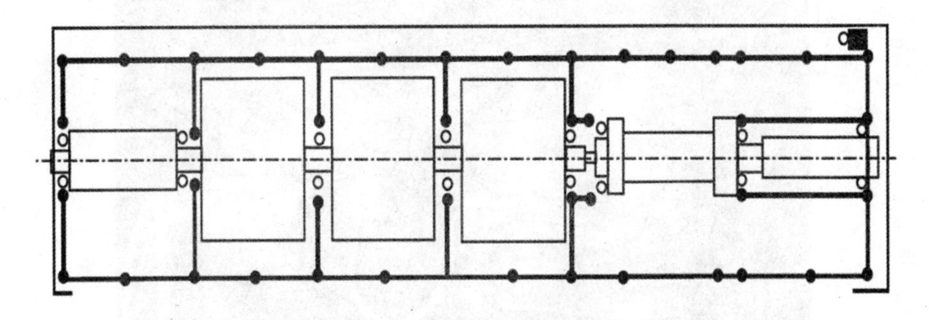

图 10.12　支撑面测点的布局

而在发电车间地面上布置的系统是监测地基的稳定性。其布局见图 10.13。

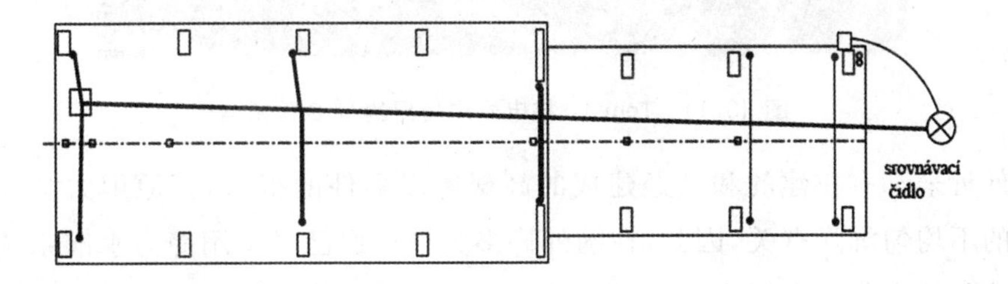

图 10.13　发电机车间地面测点布局

这两个系统有一台计算机进行控制，包括设定数据采集频率、采集周期等。

在核反应大厅也采用了两套系统监测两个高度面内各个监测点的高程变化，这里不再赘述。在这个核电站采用的静力水准传感器技术参数是

传感器尺寸：高度 270 mm；宽度 205 mm

传感器重量(无液体)：13 kg

测量精度 ：±0.05 mm

读数分辨率：0.001 mm

测量范围：±50 mm

工作温度：+5 ℃～+50 ℃（水）

－20 ℃～50 ℃（非水）

传感器照片见图 10.14。

随着社会经济的不断发展，静力水准系统将在更多领域得到应用。国

图 10.14 Temelin核电站中使用的HLS传感器

内外近来都有在建的和已经建成的高楼垮塌事件的报道，其原因大多与地基的不均匀沉降有关，因此，在国外许多大型楼房已经采用静力水准系统监测地基的变化。在国内日新月异的经济建设中，大型建筑的安全必将引起越来越多的重视。我们也期望静力水准系统能够得到更广泛的应用，在保证人民的生命财产的安全、提高建设的质量上发挥更大作用。

参 考 文 献

1. Roux D. A Historical First on Accelerator Alignment[C]//Proceedings of the Third International Workshop on Accelerator Alignment. Geneva:CERN,1993:83-92.
2. Martin D, Roux D. Real Time Altimeter Control by a Hydrostatic Leveling System [C]//Proceedings of the Second International Workshop On Accelerator Alignment. Hamburg:DESY,1990:171-182.
3. Schauerte W. Surveying and Alignment Concept for the Bonn Electron Stretcher Accelerator(ELSA)[C]//Proceedings of the Second International Workshop On Accelerator Alignment. Hamburg:DESY,1990:3-9.
4. Schmadel L. Geodetic Survey and Component Alignment of the Combined Heavy Ion Synchrotron SIS and the Experimental Storage Cooler Ring ESR[C]//Proceedings of the Second International Workshop On Accelerator Alignment. Hamburg:DESY,1990:11-25.
5. Endo K. Precise Alignment Method For Tristan Accelerator[C]//Proceedings of the Second International Workshop On Accelerator Alignment. Hamburg:DESY,1990:27-43.
6. Korittke N. Influence of horizontal Refraction on the traverse Measurements in Tunnels with Small Diameters[C]// Proceedings of the Second International Workshop On Accelerator Alignment. Hamburg:DESY,1990:315-330.
7. LASSEUR C. Geodetic Metrology for Large Experiments[C]// Proceedings of the Second International Workshop On Accelerator Alignment. Hamburg:DESY,1990:345-357.
8. Martin D. Application of Hydrostatic Leveling in Civil Engineering[C]// Proceedings of the Third International Workshop on Accelerator Alignment. Geneva:CERN,1993:93-100.
9. Roux D. Status of ESRF Alignment Facilities: WPS ready for an automatic 2D smoot-

hing of a storage ring[C]// Proceedings of the Forth International Workshop on Accelerator Alignment. Tsukuba:KEK,1995:159－168.

10. Friedsam H. The Alignment of the Advanced Photon Source at Argonne National Laboratory[C]//Proceedings of the Third International Workshop on Accelerator Alignment. Geneva:CERN,1993:1－8.
11. 王元庆. 新型传感器原理及应用[M]. 北京:机械工业出版社,2002.
12. 马荣贵,宋宏勋. CCD位移传感器结构参量计算方法[J]. 光子学报,2001,30(2):225－227.
13. 郑颖君,陈吉武,陈安. CCD测量系统光学设计实施方案[J]. 激光与红外,2001,31(6):367－369.
14. 孙宁,乔彦峰,林为才. 一种使用面阵CCD的非接触位置测量系统[J]. 长春理工大学学报,2002,25(4):26－28.
15. 宋华,孟小风. 一种基于CCD的物位测量方法[J]. 仪器仪表学报,2002,23(2):127－130.
16. 苏波,王纪龙,王云才. 线阵CCD驱动电路的研究[J]. 陕西师范大学学报,2002,16(1):13－18.
17. 张萍. 线阵CCD数据采集与检测控制系统的设计[J]. 科技情报开发与经济,2003,13(6):168－169.
18. 扬帆,李志广,范宏波,等. 多通道CCD读出信号高速并行采集系统的设计[J]. 红外技术,2001,23(6):1－4.
19. 郭朝辉. CCD驱动电路的研究[J]. 东北电力学院学报,2002,22(1):59－61.
20. 孙钊,等. 线阵CCD测径装置的设计[J]. 应用光学,2003,24(2):31－33.
21. Matsui S. Attempt of Protable HLS[C]//Proceedings of the Sixth International Workshop on Accelerator Alignment. Grenoble:ESRF,1999.
22. 马福禄,张志利,周召发. 基于M型分划丝的单线阵CCD直线度准直仪[J]. 光学技术,2002,28(3):224－227.
23. 李彩,等. MAX7000S在线阵CCD数据采集卡中的应用[J]. 量子电子学报,2003,20(1):118－121.
24. 徐造林. 线阵CCD与单片机的一种接口[J]. 自动化与仪表,2001,16(4):68－70.
25. 徐大成,等. 线阵CCD数据的高速采集系统[J]. 传感器技术,2002,21(9):45－50.
26. 徐宁,芦汉生,白廷柱,等. 线阵CCD的通用串行总线采集接口设计[J]. 光学技术,2002,28(3):282－284.
27. 江孝国,等. 影响CCD调制传递函数因素研究[J]. 光子学报,2003,32(7):830－833.
28. 邓振华,李东生. CCD位移传感器在小东江大坝中的应用[J]. 大坝与安全,2001(1):41－43.
29. 雷志勇,刘群华,姜寿山,等. 线阵CCD图像处理算法研究[J]. 光学技术,2002,28(5):

475－477.

30. 王和顺,陈华.一种提高CCD测量精度的新方法[J].四川大学学报,2001,33(5):63－65.

31. 陈明君,姜承宾,李旦.激光CCD器件在自动化精密测量中的应用[J].压电与声光,2001,23(6):415－418.

32. 苏翼雄,等.利用二次曲线拟合的CCD图像亚像素提取算法[J].计量技术,2003(7):3－7.

33. 赵育良,张忠民.基于CCD激光干涉微位移测量系统准确度分析[J].传感器技术,2002,21(7):35－37.

34. 赵熙林,等.用面阵CCD高精度测量微光光场均匀性[J].中国测试技术,2003(3):20－21.

35. 仲伟川,赵光兴,郭蕊.多项式最小二乘拟合法在CCD采样曲线拟合中的应用[J].安徽工业大学学报,2001(7):242－244.

36. 陈岳林,陶晓玲,韦力浦.CCD计数器的设计及误差分析[J].桂林电子工业学院学报,2002,22(3):72－75.

37. 刘文,等.CCD测量系统实现及其实时性讨论[J].光学学报,2002,31(6):774－777.

38. Takeuchi Y, Korhonen T, Funahashi Y. Displacement Monitors Using Diode Lasers [C]//Proceedings of the Forth International Workshop on Accelerator Alignment. Tsukuba:KEK,1995:275－278.

39. Wei F Q, Dreyer K, Fehlmann U, et al. Survey and Alignment for the Swiss Light Source[C]//Proceedings of the Sixth International Workshop on Accelerator Alignment. Grenoble:ESRF,1999.

40. Meier E, Wei F Q, Rivkin L, et al. Long-term Results of the Hydrostatic Levelling System at the Swiss Light Source(SLS)[C]// Proceedings of the 8th International Workshop on Accelerator Alignment. Geneva: CERN,2004.

41. 冯玉琳,等.软件工程[M].北京:中国科学技术出版社,1992.

42. 路林吉,等.可编程控制器原理及应用[M].北京:清华大学出版社,2002.

43. 张礼平.数字逻辑教程[M].上海:华东理工出版社,2002.

44. 马明建.数据采集与处理技术[M].西安:西安交通出版社,1997.

45. 王世一.数据信号处理[M].北京:北京理工大学出版社,1997.

46. 高光天.传感器与信号调理器件应用技术[M].北京:科学出版社,2002.

47. 邹伯敏.自动控制理论[M].北京:机械工业出版社,1998.

48. 郑君里,等.信号与系统[M].北京:人民教育出版社,1981.

49. 武汉高科传感器技术开发研究所.GK-05型静力水准仪传感器标定测试报告,1999.

50. 车双良,汶德胜.线阵CCD的调制传递函数[J].应用光学,2001,22(5):4－6.

51. 蒋剑良,孙雨南.线阵CCD位移测试技术的误差分析[J].计量技术,2002(7):16－19.

52. 陆洋,陈离.CCD图像采集过程中的实时误差校正[J].上海理工大学学报,2003,25(2):181－184.

53. 周家颖,等.CCD测距仪的研制[J].武汉体育学院学报,2002,36(2):138-140.

54. 卢杰,等.CCD激光测距实验[J].物理实验,2003,2(6):35-36.

55. 李慎安.测量结果不确定度的估计与表达[M].北京:中国计量出版社,1997.

56. 于渤,等.国际通用计量学基本名词[M].北京:计量出版社,1985.

57. 梁廷贵.计数器分频器锁存器寄存器驱动器[M].北京:科学技术文献出版社,2002.

58. 苏波,王纪龙,王云才.CCD高精度测径系统的研究[J].太原理工大学学报,2002,33(5):506-509.

59. 张琳娜,等.传感检测技术及应用[M].北京:中国计量出版社,1999.

60. 高晓蓉,王黎,赵全柯,等.线阵CCD传感器检测导轨不平顺状态[J].光电工程,2002,29(3):50-71.

61. 骆文博,王广志,丁曙海,等.基于线阵CCD的高精度位置检测[J].清华大学学报,2002,42(9):1139-1143.

62. 於宗俦,鲁林成.测量平差基础[M].北京:测绘出版社,1984.

63. Schauerte W,Casott N. Development of a New Digital Collimator[C]// Proceedings of the Third International Workshop on Accelerator Alignment. Geneva:CERN,1993:181-188.

64. Hans L I,Pellissier P,Plouffe D,et al. Pellisser H5 Hydrostatic Level[C]// Proceedings of the Fifth International Workshop on Accelerator Alignment. Chicago:ANL,1997.

65. 曹萱岭,等.物理学[M].北京:人民教育出版社,1979.

66. 张正禄,等.精密工程测量[M].北京:测绘出版社,1991.

67. Kivioja L,Friedsam H,Penicka M. A New Hydrostatic Leveling System Developed for the Advanced Photon Source[C]//Proceedings of the Fifth International Workshop on Accelerator Alignment. Chicago:ANL,1997.

68. Tecker E,Aachen R. HLS-Based Closed Orbit Feed-Back at Lep[C]//Proceedings of the Fifth International Workshop on Accelerator Alignment. Chicago:ANL,1997.

69. Martin D. Some Reflections on the Validation and Analysis of HLS Data[C]//Proceedings of the Eighth International Workshop on Accelerator Alignment. Geneva:CERN,2004.

70. 周美华. 水力学与水泵. 东华大学网络课件, http://env.dhu.edu.cn/jiaoyujiaoxue/wsjs/slxysb/FILES/teachers.htm.

71. 庄礼贤,尹协远,马晖扬.流体力学[M].2版.合肥:中国科学技术大学出版社,2009。

72. 竹中利夫,蒲田映三.液压流体力学[M].北京:科学出版社,1980.

73. Zhang C,Fukami K,Matsui S. Primary Hydrokinetics Study and Experiment on the Hydrostatic Leveling System[C]//Proceedings of the Seventh International Workshop on Accelerator Alignment. Tsukuba:KEK,2002:297-307.

74. Lestrade A, Ros M. Qualification Tests of the Soleil Storage Ring HLS[C]// Proceedings of the Eighth International Workshop on Accelerator Alignment. Geneva:CERN,2004.

75. Quesnel J. A strategy for the Alignment of the LHC[C]//Proceedings of the Eighth International Workshop on Accelerator Alignment. Geneva:CERN,2004.

76. Catherine L C, Fuss B, Ruland R. Status Report in the Alignment Activities at SLAC [C]//Proceedings of Seventh International Workshop on Accelerator Alignment. Tsukuba:KEK,2002:42－54;

77. Aschlosser M, Herty A. High Precision Survey and Alignment of Large Linear Colliders － Vertical Alginment[C]//Proceedings of Seventh International Workshop on Accelerator Alignment. Tsukuba:KEK,2002:343－255.

78. Trevor W J, et al. Control Surveys for Underground Construction of the Superconducting Super Collider[C]//Proceedings of the Third International Workshop on Accelerator Alignment. Geneva:CERN,1993:267－274.

79. Löffler F. Geodetic Measurement for the Hera Proton Ring, the New Experiment and the Tesla Test Facility-A status Report[C]//Proceedings of the Forth International Workshop on Accelerator Alignment. Tsukuba:KEK,1995:1－17.

80. 张福学.传感器应用及其电路精选[M]. 北京:电子工业出版社,1991.

81. 滔本藻.自由网平差与变形分析[M].武汉:武汉测绘科技大学出版社,2001.

82. 周江文.误差理论[M].北京:测绘出版社,1978.

83. 肖明耀.误差理论常见问题与解答[M].北京:计量出版社,1983.

84. 罗南星.测量误差与数据处理[M].北京:计量出版社,1984.

85. Ouyang X, Huang K, Qu H. Survey and Alignment for BEPC Ⅱ Storge Ring[C]//Proceedings of Seventh International Workshop on Accelerator Alignment. Tsukuba: KEK,2002: 452－458.

86. Sugahara R, Endo K, Ohsawa Y. Measurement of the Seismic Motion and the Displacement of the Floor in the Tristan Ring[C]// Proceedings of the Third International Workshop on Accelerator Alignment. Geneva:CERN,1993:217－224.

87. Moore C D. Vibrational Analysis of Tevatron Quadrupoles[C]//Proceedings of the Forth International Workshop on Accelerator Alignment. Tsukuba:KEK,1995:119－131.

88. Martin D. The European Synchrontron Radiation Facility-Hydrostatic Leveling System － Twelve years Experience with a Large Scale Hydrostatic Leveling System[C]// Proceedings of Seventh International Workshop on Accelerator Alignment. Tsukuba: KEK,2002:308－226.

89. Prenting J, Liebl W. Status on the Survey and Alignment of Accelerator and Storage Rings at desy[C]//Proceedings of Seventh International Workshop on Accelerator A-

lignment. Tsukuba:KEK,2002:80-90.

90. Matsui S,Zhang C. Alignment Method for 50m Distance Using Laser and CCD Camera[C]//Proceedings of Seventh International Workshop on Accelerator Alignment. Tsukuba:KEK,2002:127-139.

91. Roux D. Low Frequency Ground Motion Deformation of the Esrf Machine As a Result Of Activity on Saint-Egreve Dam on the 'Dragon'(Drac)and 'Serpent'(Isere) Reviver[C]// 2nd European Syschrontron Radiation Light Sources Workshop. Grenoble: ESRF,1994.

92. Martin D. Inclinometer Comprason[C]//Proceedings of the Eighth International Workshop on Accelerator Alignment. Geneva:CERN,2004.

93. Zhang C,Fukami K,Matsui S. From the HLS Measurement for Ground Movement at the Spring-8[C]//Proceedings of the Eighth International Workshop on Accelerator Alignment. Geneva:CERN,2004.

94. Becker F, Coosemans W,Jones M. Consequences of Perturbation of the Gravity Field on HLS Measurements[C]//Proceedings of the Seventh International Workshop on Accelerator Alignment. Tsukuba:KEK,2002:327-342.

95. Eggebrecht L C. IBM PC接口技术[M].梁祖威,译.北京:海洋出版社,1988.

96. 单成祥.传感器的理论与设计基础及其应用[M].北京:国防工业出版社,1999.

97. 王秀玲,等.微型计算机A/D、D/A转换接口技术及数据采集系统设计[M].北京:清华大学出版社,1984.

98. 纽伯特 H K P. 仪器传感器[M].中国计量科学院力学处,等,译.北京:科学出版社,1985.

99. 鲍利沙可夫 BД. 精密工程的测量方法和仪器[M].孔祥云,译.北京:测绘出版社,1981.

100. 金玉明.电子储存环物理[M].合肥:中国科学技术大学出版社,1994.

101. 陈永奇,等.变形监测分析与预报[M].北京:测绘出版社,1998.

102. 李青岳.工程测量学[M].北京:测绘出版社,1982.

103. 符策飞.静力水准监测系统在牛路岭大坝的应用[J].大坝与安全,2006(5):41-42.

104. 刘敏,袁明道,潘展钊,朱劭宇.JSY-1静力水准仪在飞来峡坝基监测中的应用,http://www.chmt.org/download.asp? PapId=12.

105. 郭永东.静力水准在桥梁施工竖向位移监控中的应用[J].山西建筑,2008,34(20):310-311.

106. Lechner J, Slaboch V. Application of HLS at the Reactors of the Nuclear Power Plant at Temelin, Czech Republic[C]//Proceedings of the Eighth International Workshop on Accelerator Alignment. Geneva:CERN,2004.

致　谢

本书作者从事加速器准直测量工作和精密工程测量的理论、方法和仪器的研究已经有二十多年，上世纪 90 年代接触到有关静力水准系统在粒子加速器准直测量中应用的有关资料和介绍，遂对这方面的相关技术和报道进行了跟踪，并一直希望将该系统应用于我国的粒子加速器上，因为地基和支撑系统竖直方向的不均匀位移对粒子加速器的正常运行影响很大。虽然该系统在国外的粒子加速器上的运用已经相当普及，但是关键技术一直没有公开，购买国外现有产品，除了价格昂贵以外，在维修、售后的技术支持等方面也有很多困难。故作者决心立足于国内开发研究适用于粒子加速器的静力水准系统。

2003 年恰逢北京正负电子对撞机(Beijing Electron Positron Collider，简称 BEPC)要进行重大改造，该工程也列入了“十五”国家大科学工程，简称 BEPCⅡ。该工程有进行这种监测的需要，根据国外类似加速器近期发展的经验，中国科学院北京高能物理研究所的陈森玉院士和 BEPCⅡ工程总工程师黄开席研究员希望作者为该工程设计并安装一套高精度静力水准监测系统作为博士论文选题，并得到另一位导师——国家同步辐射实验室刘祖平研究员的大力支持，他们在作者的论文研究工作中给予了全面的支持和悉心的指导。与工程的进展相配合，该研究顺利完成并发挥了应有的作用。这是我国大型加速器工程建设中运用的第一套高精度静力水准系统。作者在此对陈森玉院士、黄开席研究员和刘祖平研究员致以衷心的感谢，他们的治学精神和独到的学术眼界永远是作者学习的榜样。

此后，应另一项国家大科学工程——上海光源(Shanghai Synchrotron Radiation Facility，简称SSRF)负责人的要求，作者又为SSRF设计安装了静力水准系统，该系统现已投入使用，这是目前国内应用在粒子加速器上规模最大、系统最复杂的高精度静力水准系统。在此也感谢上海光源有关领导和同事对作者的支持，尤其感谢工程副总工程师殷立新研究员在方案上的支持，以及吴军工程师在工程实施过程中的辛勤工作。

我国目前拥有大型粒子加速器装置的实验室仅有四家(除了北京高能物理所的BEPC和上海应用物理所的SSRF之外，还有作者所在的国家同步辐射实验室NSRL和兰州近代物理所的重离子加速器)，目前只有北京和上海两家采用了静力水准系统，国家同步辐射实验室将在不久的升级改造中安装静力水准系统，作者也希望静力水准系统能在其他相关领域得到更广泛的应用。

作者还要感谢所有为本书出版前后提供帮助的各位老师、同事、家人和朋友。

后　　记

本书的主要内容在2008年底已经完成，此后只是做了一些文字上的修改。但是国际上对静力水准系统的研究还在不断地深入和发展。2009年4月2日到3日，作者应邀参加了在瑞士日内瓦的欧洲核子研究中心(CERN)召开的小型会议(简称CLIC-PRAL WORKSHOP)，专门讨论静力水准系统的技术问题，并对静力水准系统的精度、稳定性等技术指标的技术含义力求进行统一。世界上主要加速器实验室，包括德国DESY、法国ESRF、法国SOLEIL、美国SLAC和FERMILAB、日本KEK、瑞士CERN和由我代表的NSRL(国家同步辐射实验室)参加了会议。举行这次会议的原因是，CERN将要建造的大型自由电子激光装置将在地下数十米的隧道里建造数公里的直线加速器(简称CLIC)，机器对高程监测的精度要求提高到了200 m距离达到2 μm。CERN希望通过本次会议建立一个国际合作平台，首先对目前世界上已经有的高精度静力水准系统在同一个实验平台上进行比较，在此基础上研究更高精度的系统。目前在美国费米实验室(Femilab)已经开始试验，作者也代表NSRL，将提供三台CCD式静力水准传感器进行实验。

除了静力水准系统传感器的精度因素外，外界因素也是提高系统精度的重要障碍。温度、压力等因素的影响还比较容易消除，而重力异常、潮汐现象以及地基震动的因素的影响将很难消除。要将系统提高到一定的精度，必须考虑到系统具体应用的地理位置，对该位置的引力场、潮汐参数进行考察，提出具体的数学修正模型。这将是一个非常细致的工作，牵涉到许多知识领域,所以对静力水准系统的研究将越来越广泛。

就本书提到的实例来说,带浮子的钵体传感器由于液体的表面张力以及液体的浸润特征,必然影响到系统中液体等势面的高低;浮子在钵体中运动,浮子的侧面容易带有水珠,对于精密测量,一滴水的增减都会带来几个微米的误差;另外,使用浮子必然要用弹簧等定位机构,会使传感器的灵敏度受到影响。所以今后的发展方向应该集中在非接触式的钵体传感器的研究。国外现在的电容式传感器、超声波传感器等是非接触测量的,目前国内还没有掌握这类高精度传感器的技术,这应该是今后研究的方向之一。

总之,希望本书能起到抛砖引玉的作用,让更多不同研究领域的同仁关注静力水准系统的研究,在综合各方面的知识和技术的基础上,使我国的静力水准研究水平得到更大的提高。

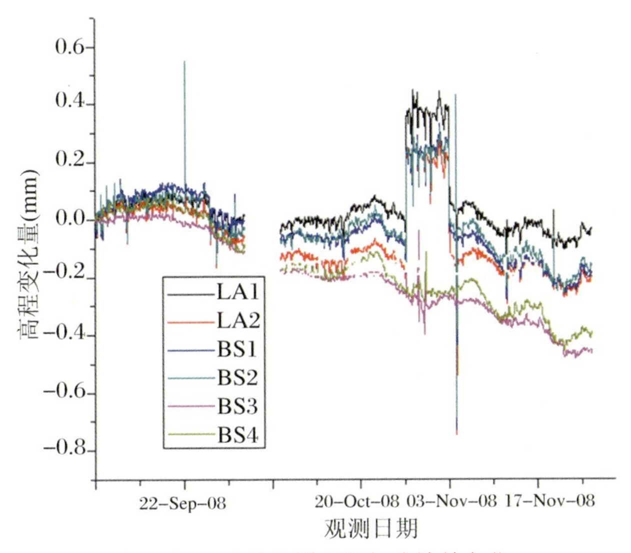

图 9.12　直线和增强器部分地基变化

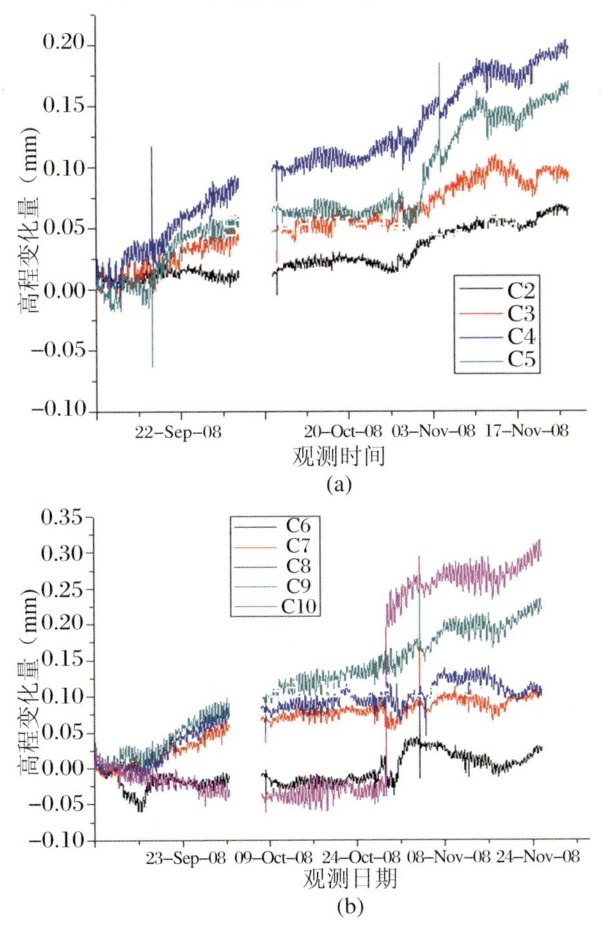

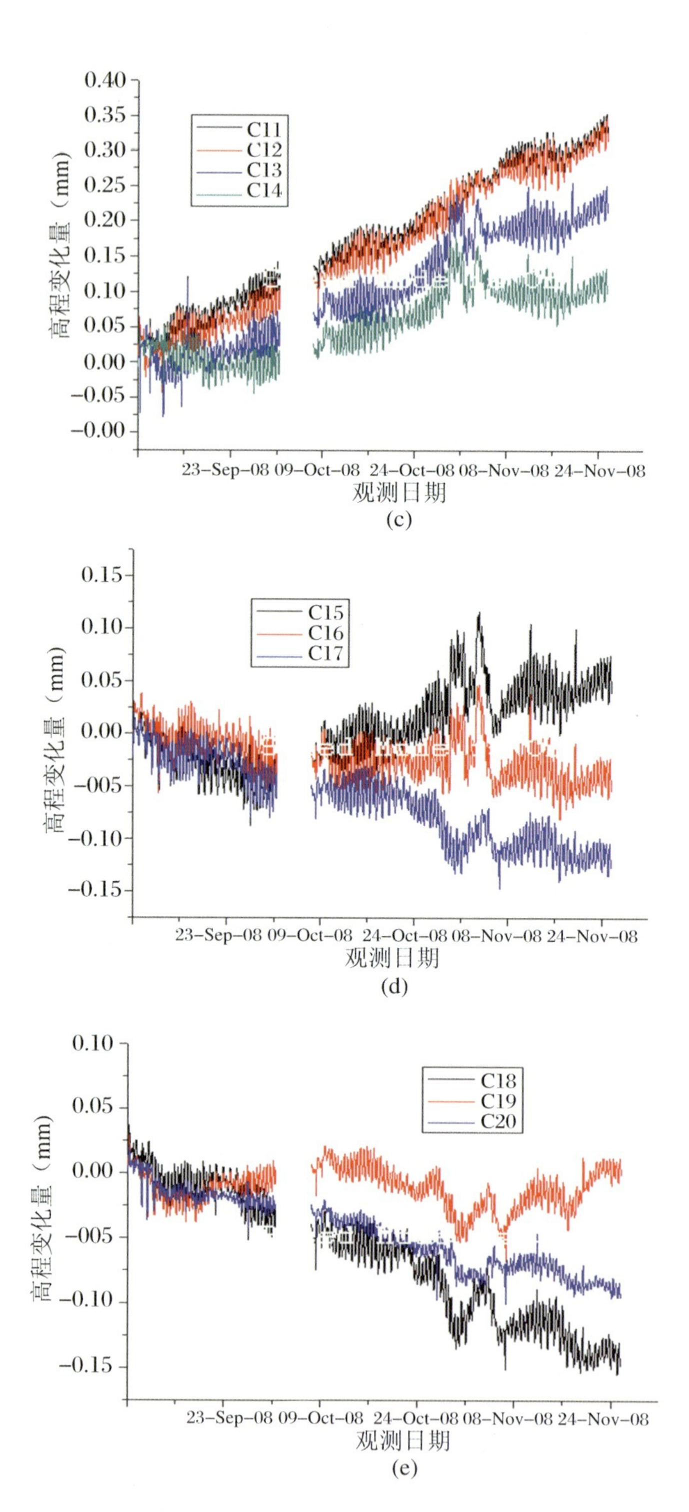

图 9.14　储存环中各个传感器部位的变化

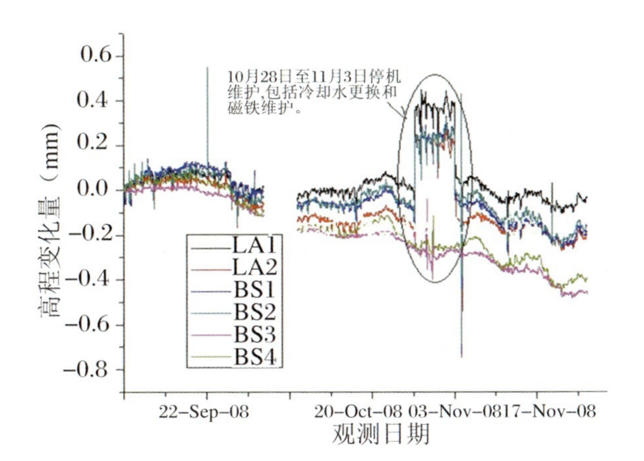

图 9.15　维修期间引起的地基变化

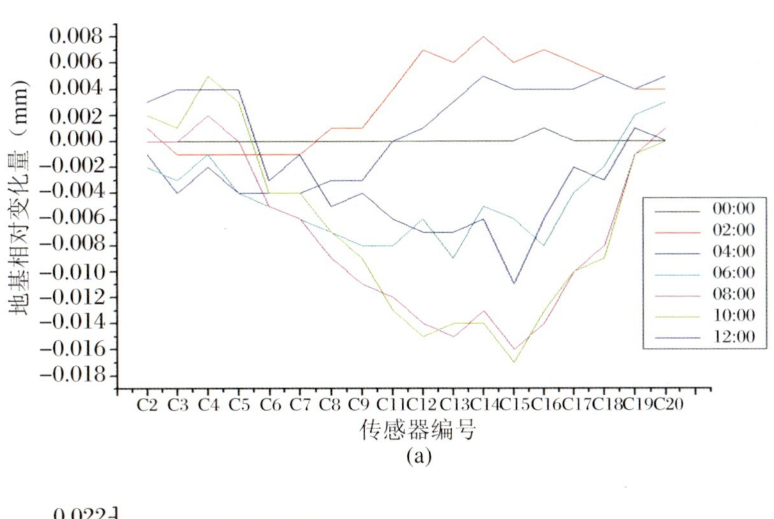

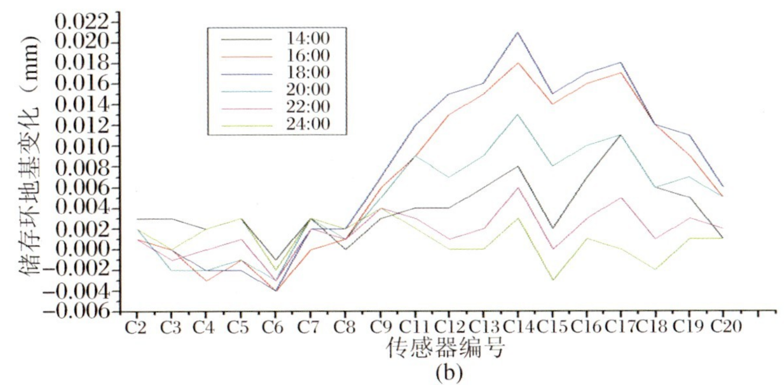

图 9.16　各个测点一天内的变化